高职高专机械类专业校企合作教材

数控机床电气系统的装调与维修

第二版

王建平　黄登红 ◎ 主编

宋福林　易　廷　李　媛　周恩祥 ◎ 副主编

化学工业出版社

·北京·

本书基于数控机床制造与维修过程中电气控制系统装调与维修的工作任务，以 FANUC-0i 数控系统为例，为学习者提供了数控系统配置、数控系统及外围电路连接、PMC 编程与调试、主轴及进给轴参数设置与调整、典型故障诊断等理论和实践知识，是数控机床控制技术课程的核心教材。

　　本书采用项目教学模式编写，把数控机床电气控制系统装调与维修分为若干项目，每一个项目又分为若干个具体的学习任务，每个学习任务中均有任务描述、相关知识、任务实施步骤、检查和评估等。读者依据书中所述方法，通过一个个任务的学习和实践，逐步掌握数控机床电气控制系统装调与维修的技能。

　　本书理论与实践紧密结合，是体现教、学、做一体化的工学结合的教材，适合高职高专及成人教育学院数控技术、数控设备应用与维护、机电一体化等专业的师生使用，也适合作为数控技术培训教材使用。

图书在版编目（CIP）数据

数控机床电气系统的装调与维修/王建平，黄登红主编. —2 版. —北京：化学工业出版社，2020.1（2025.1 重印）
高职高专"十三五"规划教材
ISBN 978-7-122-35851-6

Ⅰ.①数… Ⅱ.①王… ②黄… Ⅲ.①数控机床-电气系统-安装-高等职业教育-教材②数控机床-电气系统-调试方法-高等职业教育-教材③数控机床-电气系统-维修-高等职业教育-教材　Ⅳ.①TG659

中国版本图书馆 CIP 数据核字（2019）第 278228 号

责任编辑：王听讲
责任校对：张雨彤　　　　　　　　　　　　　　　装帧设计：关 飞

出版发行：化学工业出版社（北京市东城区青年湖南街 13 号　邮政编码 100011）
印　　装：北京天宇星印刷厂
787mm×1092mm　1/16　印张 13¼　字数 341 千字　2025 年 1 月北京第 2 版第 5 次印刷

购书咨询：010-64518888　　　　　　　　　　售后服务：010-64518899
网　址：http://www.cip.com.cn
凡购买本书，如有缺损质量问题，本社销售中心负责调换。

第二版前言

FOREWORD

随着数控机床的大量应用，在职业教育的数控技术、机电一体化等专业中，普及数控机床控制技术及电气系统的装调与维修知识，提高学生的数控机床维护与故障诊断能力显得日益重要。

本书基于数控机床制造与维修过程中电气控制系统装调与维修的工作任务，以FANUC-0i-Mate TC数控系统为载体，全面、系统地介绍了数控系统配置、数控系统及外围电路连接、PMC程序编制与调试、主轴及进给轴参数设置与调整、数控机床典型故障诊断等理论和实践知识。

本书精选数控机床电气系统装调与维修中的典型案例作为教学内容，采用任务驱动的项目化教学模式编写，即先提出学习任务，阐述该任务中涉及的理论知识，然后给出任务实施示范，让学生具体操作，在操作中进一步理解相关知识，并掌握相关技能。

本书理论与实践紧密结合，是体现教、学、做一体化的工学结合的教材，适合高职高专及成人教育学院的数控技术、数控设备应用与维护、机电一体化等专业的学生和教师使用，也适合一般数控技术培训班使用。

我们将为使用本书的教师免费提供电子教案，需要者可以到化学工业出版社教学资源网站 http：//www. cipedu. com. cn 免费下载使用。

本书由王建平、黄登红主编，宋福林、易廷、李媛、周恩祥副主编。参与本书编写工作的有：长沙航空职业技术学院王建平、黄登红、宋福林、魏关华，湘西民族职业技术学院周恩祥，湖南省芷江民族职业中专学校易廷，湖南信息职业技术学院袁军，辽宁农业职业技术学院李媛，中航飞机起落架有限责任公司肖亚楠。

本书编写过程中参考了数控技术方面的诸多论著、教材和数控机床维修手册，在此对所列参考文献的作者深表谢意。

本书若有疏漏之处，恳请读者指正。

编 者

目 录
CONTENTS

项目一　数控机床电气系统的连接

任务1　介绍数控机床及其所配数控系统的功能特点

【任务描述】

自己选择或由老师分配某一台数控机床，通过查阅机床相关资料，向其他同学介绍该机床及其所配数控系统的功能特点。

【相关知识】

1.1　数控机床控制任务

数控机床的主要功能是根据加工程序完成零件的精密自动化的制造，因此，在作为控制对象的数控机床上有三大控制任务。

1. 坐标轴运动的控制

坐标轴运动的位置控制，就是对机床的进给控制。这是数控机床区别于普通机床最根本的地方，即用电气驱动替代了机械驱动，数控机床的进给运动是由进给伺服系统完成的。

对坐标轴的控制包括以下几个方面。

① 连续进给时控制各瞬间坐标轴移动的位置（即刀具相对于工件的运动轨迹）。根据需要，运动轨迹可为直线、平面曲线或空间曲线，这时，切削出的工件形状是很复杂的。为实现复杂的曲线轨迹运动，要求几个坐标必须同时运动，也就是坐标轴联动。

② 坐标位置的精确定位。连续轨迹运动时，其结束点要求准确地停在指令位置，其误差应最小。此外，在运动中的位置误差也应最小，以保证工件加工精度最高。

③ 运动（或定位）速度的控制。对运动速度的控制包括以下几个方面。

a. 在坐标轴联动时各坐标轴运动速度的比率。各坐标轴只有按相应比率的速度运行才能加工出合乎要求的直线或曲线轨迹，这一比率由数控插补器根据所需轨迹计算得出。

b. 启动、制动或拐角处切削时自动加、减速控制。

c. 空行程时的快速进给。为提高生产率而设，如 G00 代码。

2. 主轴运动的控制

和普通机床一样，数控机床的主运动主要完成切削任务，其动力约占整台机床动力的 70%～80%。基本控制是主轴的无级调速、正反转和停止、自动换挡变速。对加工中心和有些数控车床而言，还必须具有定向控制和 C 轴控制。

3. 辅助功能的控制

除了对进给运动的轨迹进行连续控制外，还要对机床的各种开关功能进行控制，这些功能包括主轴的正反转和停止、主轴的变速控制、冷却和润滑装置的启动和停止、刀具自动交换、工件夹紧和松开及分度工作台转位等。这些辅助功能控制任务的多少体现了机床自动化程度的高低。

1.2　数控机床控制系统组成

为了完成以上三大控制任务，数控机床控制系统包括了数据输入输出装置、CNC 装置、坐标轴进给伺服系统、主轴驱动系统、可编程控制器接口单元以及检测装置等，如图 1-1 所示。

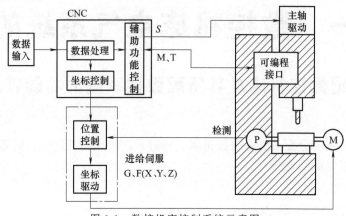

图 1-1　数控机床控制系统示意图

1. 输入/输出装置

早期有纸带阅读机/纸带穿孔机。现代的程序输入/输出方式如下。

① 直接由操作者通过 MDI（手动数据输入）键盘输入零件程序，并通过显示屏给操作者提供信息。

② 通过软驱、存储卡、USB 接口进行零件程序的输入/输出。

③ 采用通信方式进行零件程序的输入/输出。

2. CNC 装置

这是数控机床控制系统（计算机数控系统）的核心。其主要作用是根据输入的零件程序和操作指令进行相应的处理（如运动轨迹处理、机床输入/输出处理等），然后输出控制命令到相应的执行部件（伺服单元、驱动装置和 PLC 等），从而加工出需要的零件。目前，数控装置采用的是数字计算机，包括硬件和软件。实际上，数控软件是一种特殊的、用于机床实时控制的操作系统。

3. 坐标轴进给伺服系统

被控量是坐标轴移动的位置，机床有几个坐标，就应有几套进给系统。根据加工零件的形状，由插补器进行计算，并以一系列脉冲的方式，在单位时间内将位置指令传输给伺服系统，命令驱动电动机旋转某一精确的转数，驱动电动机的旋转使滚珠丝杠旋转，滚珠丝杠螺母副将旋转运动转换成直线轴（滑台）运动。反馈装置（如滑台上的直线光栅尺）使数控系统确认指令转数已完成。由于各坐标轴的指令脉冲数不等，因此各坐标轴的位移量也就不同，从而形成了所需的刀具运动轨迹。进给伺服系统工作框图如图 1-2 所示。

4. 主轴驱动系统

主轴驱动系统是数控机床的大功率执行机构，其功能是接受数控装置对 S 代码处理后输出的代表某一速度的模拟电压或数字信号（二进制数字值），驱动主轴进行切削加工。主轴驱动系统由主轴驱动装置、主轴电动机和检测主轴速度与位置的检测装置组成。

5. PMC 与 I/O 接口电路

数控机床主轴的启停、润滑与冷却的开关、工件装卸、工作台交换等动作，是通过控制继电器、接触器、电磁阀等元器件来执行的。上述动作的控制信号有一定的顺序或时序，数控机床一般采用 PMC 逻辑控制装置来实现。PMC 实际上就是 PLC，由于 FANUC 数控系统的 PLC 专门用于控制机床，有多条专用指令，故称为可编程机床控制器（Programmable

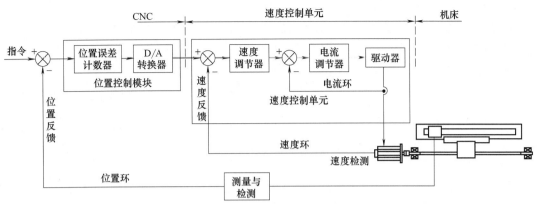

图 1-2　进给伺服系统的工作框图

Machine Controller，PMC）。

　　FANUC PMC 主要是以软件的方式嵌入数控装置中，PMC 软件又含两部分内容。一部分是 PMC 系统软件，这部分是 FANUC 公司开发的系统软件，如 PMC-SA1、PMC-SA3、PMC-SB7 等是指 PMC 系统软件的版本。另一部分是 PMC 用户软件，这部分是机床厂根据机床具体情况和要求编写的梯形图程序。这两部分程序都存储在数控装置中的 FROM（闪存）中。

　　I/O 接口电路负责接收和发送机床输入输出的开关信号或模拟信号，是 PMC 信号输入输出的硬件载体。

　　完成辅助功能的控制，除 PMC 和 I/O 接口电路外，还需要按钮、接近开关、传感器、电磁阀等信号的输入输出执行元器件。

　　6. 检测装置

　　位置和速度的检测通过光电编码器、光栅尺等检测装置来实现，详见后面项目五相关内容说明。

1.3　数控机床规格指标和精度指标

　　1. 规格指标

　　规格指标是指数控机床的基本能力指标，主要有以下几方面。

　　① 工作台面尺寸。机床安装工件的最大范围，通常应稍大于最大加工工件的尺寸，以便预留夹具所需的空间。

　　② 行程范围。CNC 可控制的机床坐标轴运动区间，它反映该机床坐标轴允许的加工范围。通常情况下工件的轮廓尺寸应在行程范围之内，个别情况下工件轮廓也可在行程范围之外，但机床只能对行程范围内的部分进行加工（即加工范围不能大于行程范围）。数控机床具有自动保护行程的功能，可通过设置软件参数与硬件开关作双重行程保护。

　　③ 控制轴数。数控系统能够控制的机床坐标轴数目，包括直线轴和回转轴。

　　④ 联动轴数。数控系统可同时控制按一定规律完成一定轨迹插补运动的机床坐标轴数目。它与控制轴数是不同的概念，联动轴数越多，说明数控机床可以加工越复杂的空间线型或型面，相应的数控系统就越复杂，编程也越困难。

　　⑤ 承载能力。机床能承载的加工工件的最大重量。

　　⑥ 主轴功率和进给轴扭矩。主轴功率和进给轴扭矩间接反映了机床刚度和强度能力。

　　⑦ 零件程序的容量。表示 CNC 系统可存储零件程序的大小，容量越大，越有利于加工

大型复杂零件。

⑧ PLC 的输入/输出点数。表示 CNC 系统可控制的外部开关量个数。

2. 精度指标

（1）几何精度

几何精度是综合反映机床关键零部件和总装后的几何形状误差的指标。几何精度指标可分为以下两类。

① 机床基础件和运动大件（如床身、立柱、工作台、主轴箱等）的直线度、平面度和垂直度。如工作台的平面度、各坐标轴运动方向的直线度和相互垂直度、相关坐标轴运动时工作台面和 T 形槽侧面的平行度等。

② 机床执行切削运动的主要部件——主轴的几何精度。如主轴的轴向窜动、主轴孔的径向跳动、主轴箱移动导轨与主轴轴线的平行度、主轴轴线与工作台面的垂直度（立式）或平行度（卧式）等。

（2）位置精度

位置精度是综合反映机床各运动部件在数控系统控制下空载所能达到的精度。根据各轴所能达到的位置精度就能判断出加工零件时零件所能到达的精度。位置精度指标如下。

① 定位精度。定位精度指数控机床工作台等移动部件在指令的终点到达后实际位置与指令位置的一致程度，两者的误差称为定位误差。

定位误差来源于伺服驱动系统误差、检测系统误差以及机械传动环节的几何误差等，它将直接影响零件加工的精度。分度精度（分度工作台在分度过程中理论要求回转的角度值和实际回转的角度值的一致程度，其误差称为分度误差）和回零精度（数控机床各坐标轴达到规定的零点的精度，其误差称为回零误差）实际上是定位精度的两个特例，可以统称为定位精度。分度精度既影响零件加工部位在空间的角度位置，也影响孔系加工的同轴度，回零精度直接影响机床坐标系的建立精度。

② 重复定位精度。重复定位精度是指在相同条件下（同一台数控机床上，操作方法不变，应用同一零件程序）加工一批零件所得到的连续结果的一致程度。

重复定位精度受伺服系统特性、进给系统的间隙与刚性以及摩擦特性等因素的影响。一般情况下，重复定位精度是呈正态分布的偶然性误差，它影响一批零件加工的一致性，是一项非常重要的精度指标。

（3）分辨率与脉冲当量

分辨率是指两个相邻的分散细节之间可以分辨的最小间隔。对测量系统而言，分辨率是可以测量的最小位移增量，对控制系统而言，分辨率是可以控制的最小位移增量，即数控装置每发出一个脉冲，反映到机床坐标轴上的位移量，通常称为脉冲当量。

脉冲当量是设计数控机床的原始数据之一，也是数控机床很重要的精度指标，其数值的大小决定了数控机床的加工精度和表面质量。脉冲当量越小，数控机床的加工精度和表面质量越高。目前普通精度级数控机床的脉冲当量一般为 0.001mm，精密或超精密数控机床的脉冲当量可达到 10nm（0.00001mm）。

1.4 FANUC 数控系统特点、配置及选型

数控系统是数控机床的电气控制系统。数控机床根据功能和性能的要求配置不同的数控系统。目前，我国数控机床行业占据主导地位的数控系统有日本的 FANUC（发那科）、德国的 SINMENS（西门子）等公司的数控系统及相关产品。这里以 FANUC 典型系列产品为例，介绍现代数控系统的特点、配置及选型。

1. FANUC-0C/0D 系统

FANUC-0C/0D 数控系统是 FANUC 公司于 20 世纪 80 年代开发并生产的产品，是当时中国市场上销售量最大的一种系统。

（1）FANUC-0C 系统主要特点

① 丰富的控制功能。具有刀具寿命管理、极坐标插补、圆柱插补、多边形插补等特有的控制功能，并且提供了专用的定制型用户宏程序，从而能够容易地实现一些特殊的机械加工。

② 高可靠性的硬件。该产品采用了高品质的元器件，并且大量采用了专用 VLSI（Very Large Scale Integration）芯片，在一定程度上提高了数控系统的可靠性和系统的集成度。该产品还使用了表面安装技术，进一步提高了数控系统的集成度，尽管采用大板结构，但与老系列 FANUC-0A/0B 相比，数控系统的体积大幅度减小。

③ 高精度加工。采用多种补偿功能，可实现高精度加工。例如，丝杠的螺距误差等传动链中的机械误差，可通过存储型螺距误差补偿予以补正。刀具路径补偿，在切削内拐角时，具有进给速度自动减速的功能（自动拐角倍率），从而防止刀具在拐角处发生过载，同时获得良好的表面粗糙度。另外，系统具有伺服前馈控制等高加工精度的功能。

④ 高效率和高速度加工。由于采用了高速微处理器（1988 年以后的产品主 CPU 为 Intel 80486/DX2）及多 CPU 方式进行分散处理，实现了高速连续切削，通过 PMC 来实现坐标轴（PMC 轴）的控制，进一步缩短了辅助功能的执行时间，特别适合自动换刀（ATC）的控制和回转工作台（APC）的分度控制。系统不仅控制主轴速度，还进行主轴位置控制，像控制进给伺服电动机那样控制主轴电动机，从而实现刚性攻螺纹和主轴定位控制功能。

⑤ 高精度数字伺服系统。由于采用了高分辨率位置检测器和高速微处理器及软件伺服控制功能（全数字控制），实现了高速、高精度的伺服控制。该系统最多提供控制轴数为 6 轴，联动轴数为 4 轴，一个模拟量主轴或两个串行数字主轴（仅限于使用 FANUC 的主轴驱动装置）。

主要产品有：0-TC（用于数控车床），0-MC（用于数控铣床、钻床、加工中心），0-GCC（用于内外圆磨床），0-GSC（用于平面磨床），0-PC（用于冲床），0-TFC（用于双主轴和双刀架多功能数控车床）等。

（2）FANUC-0C 系统基本配置

图 1-3 为 FANUC-0MC 系统的基本配置图。

显示装置和操作面板：显示器标准配置为 9in 单色 CRT，选择配置为 10.4in 彩色 CRT；显示器和系统 MDI 键盘为一体；机床操作面板可以选择 FANUC 公司专用操作面板，一般机床生产厂家采用各自的机床操作面板。

CNC 装置：系统基本配置为 4 个 CNC 轴且为 4 个联动轴，选择配置为 6 个 CNC 轴且为 4 轴联动；图形显示板、宏执行器、PMC 扩展板及远程通信板为选择配置。

伺服驱动单元：系统伺服放大器标准配置为 α 系列伺服模块；主轴电动机和进给电动机为 α 系列伺服电动机。

（3）FANUC-0D 系统主要特点

0D 系统是 FANUC 公司在 0C 系统基础上研制开发出的普及型数控系统。0D 系统和 0C 系统的主要区别如下。

① 系统进给伺服轴配置为 3 轴 3 联动，系统主轴配置为一个串行数字主轴或一个模拟量主轴。

② 系统不支持图形显示板、特制宏程序盒及扩展 PMC 板控制功能。

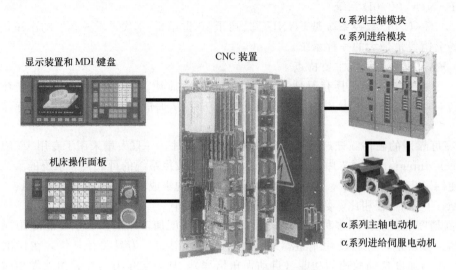

图 1-3 FANUC-0MC 系统基本配置

③ 只能采用 RS-232 数据传输，不能实现远程 DNC1 和 DNC2 数据传输。

④ 系统控制软件进行了简化，取消了圆柱插补和多边形插补等功能软件。

主要产品有：0-TD（用于数控车床），0-MD（用于数控铣床、加工中心），0-GCD（用于内外圆磨床），0-GSD（用于平面磨床），0-PD（用于冲床）等。

FANUC-0DⅡ为高可靠性、多功能数控系统，其功能与 FANUC-0C 基本相同，只是控制轴数最多为 4 轴。

（4）FANUC-0D 系统基本配置

图 1-4 为 FANUC-0TD 系统的基本配置。

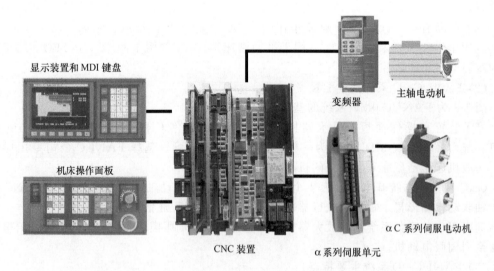

图 1-4 FANUC-0TD 系统基本配置

显示装置和操作面板：显示器标准配置为 9in 单色 CRT；显示器和系统 MDI 键盘为一体；机床操作面板可以选择 FANUC 公司专用操作面板，一般机床生产厂家采用各自的机床操作面板。

CNC 装置：FANUC-0TD 系统配置 2 个 CNC 轴且为 2 个联动轴，FANUC-0MD 系统配置 3 个 CNC 轴且为 3 个联动轴。

伺服驱动单元：系统伺服放大器标准配置为 α 系列或 β 系列伺服单元，选择配置为 α 系列伺服模块；主轴电动机可以是变频器驱动的普通异步电动机，选择的是串行主轴电动机，进给电动机为 αC 系列或 β 系列进给伺服电动机。

2. FANUC-16/18/21/0iA 系统

20 世纪 90 年代，随着电子技术的发展，特别是大规模集成电路和电子贴膜技术的应用，使得系统的硬件体积大大缩小，计算机技术的发展使系统控制软件以功能包的形式存储在闪存中，便于用户选择（系统功能包分为 A 包和 B 包）。FANUC 公司逐步推出了高可靠性、高性能、模块化的 FANUC-16/18/21/0iA 系列 CNC 系统。

（1）系统功能特点

① 系统 CNC 结构形式为模块结构。系统 CNC 模块除了主 CPU 及外围电路之外，还集成了 DRAM 模块、FROM/SRAM 模块、PMC 控制模块、存储器和主轴模块、伺服模块等，控制单元体积更小，便于安装排布。

② 可使用编辑卡或编程软件编辑梯形图。系统的 PMC 控制程序（梯形图）存储在 FROM 中，通过编辑卡或编程软件进行 PMC 程序的编辑和修改，特别是在用户现场扩充功能或实施技术改造时更为便利。

③ 可使用存储卡进行系统数据的备份和回装。通过系统引导画面把系统 FROM 和 SRAM 中的数据备份到存储卡或把存储卡中的数据回装到系统中。在维修中特别是系统在死机的情况下，解决数据丢失故障非常方便。

④ 具有更强大的诊断功能和操作消息显示功能。系统有报警历史画面、操作履历画面及帮助功能等，便于发生故障时查找原因及资料信息，同时系统具有硬件配置和系统软件功能包，便于掌握系统的配置情况及其具有的功能。

⑤ 系统可以选配硬盘实现远程存储在线加工。FANUC-16/18 系统可以选择系统子 CPU 板，标准配置为 2GB 硬盘，通过网线可以实现远程加工程序的在线加工，特别适用于模具加工行业。

⑥ FANUC-16 系统最多可控 8 轴，6 轴联动；FANUC-18 系统最多可控 6 轴，4 轴联动，18MB5 为 5 轴联动；FANUC-21 系统最多可控 4 轴，4 轴联动。

（2）FANUC-0iA 系统内部结构

FANUC-0iA 系统由 FANUC-21 系统简化而来，是具有高可靠性、高性价比的数控系统，最多可控 4 轴，4 轴联动。该系统数控装置由主模块和 I/O 模块组成。

主模块包括系统主板和各功能小板（插接在主板上），内部结构如图 1-5 所示。主模块的功能是提供主轴（模拟量和数字串行主轴）的控制信号接口、各个伺服进给轴控制信号接口、伺服进给轴的位置反馈信号接口（光栅尺或分离型编码器）、存储卡和编辑卡接口等。系统主板上安装有系统主 CPU、系统引导文件存储器 ROM、动态存储器 DRAM、伺服 1/2 轴的控制卡等。功能小板有用来实现 PMC 控制的 PMC 模块、用来存储系统控制软件、PMC 顺序程序及用户文件（系统参数、加工程序、各种补偿参数等）的 FROM/SRAM 模块、用于主轴控制（模拟量主轴或串行主轴控制）的扩展 SRAM/主轴控制模块以及 3/4 伺服轴控制模块。如图 1-5（b）所示，①为 PMC 控制模块，②为扩展 SRAM/主轴控制模块，③为 FROM/SRAM 模块，④为 3/4 伺服轴控制模块。

I/O 模块如图 1-6 所示，其功能是为机床提供输入输出信号接口、LCD（或 CRT）视频信号接口、系统 MDI 键盘信号接口、机床手摇脉冲发生器的信号接口、RS-232 系统通信信

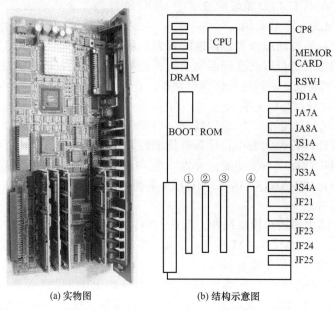

(a) 实物图　　　　　　　　　(b) 结构示意图

图 1-5　FANUC-0iMA 系统内部结构

号接口及选择功能板插槽接口等。内部由系统电源板（为系统提供各种直流电源）、图形显示板（为系统选择件）及 I/O 板组成。

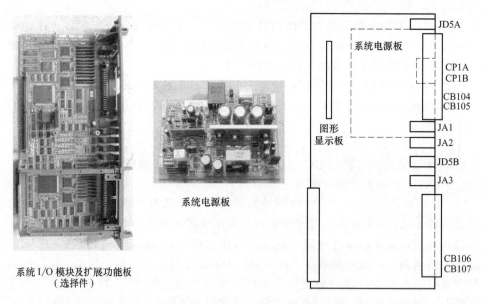

系统 I/O 模块及扩展功能板
（选择件）

系统电源板

图 1-6　FANUC-0iMA 系统 I/O 模块结构

（3）FANUC-0iA 系统的选型配置

用户根据实际机床功能和加工需要进行系统功能包（A 包或 B 包）的选择配置。图 1-7 为 FANUC-0iMA 的配置。

系统 B 包标准配置的显示器为 9in 单色 CRT，A 包标准配置的显示器为 8.4in 彩色 LCD，选择配置为 10.4in 高分辨率的彩色 LCD；显示器和系统 MDI 键盘为一体；机床操作面板可以选择 FANUC 公司专用操作面板，也可以选择机床生产厂家各自的机床操作面板。

FANUC-0iMA 系统配置为 4 轴 4 联动，FANUC-0TA 系统配置为 2 轴 2 联动。内置 I/O 模块提供 96 点输入/64 点输出，可以选择 I/O Link 外置 I/O 装置提供 1024 点输入/1024 点输出，也可以选用 I/O Link 总线接口实现附加伺服轴控制。

FANUC-0iMA 系统伺服放大器可以配置 α 系列伺服模块，驱动 α 系列串行主轴电动机和 α/αC 系列进给伺服电动机；FANUC-0iTA 系统主轴电动机配置可以是变频器驱动的普通异步电动机，也可以是 α 系列串行主轴电动机，进给电动机配置可以是 αC 系列或 β 系列进给伺服电动机。

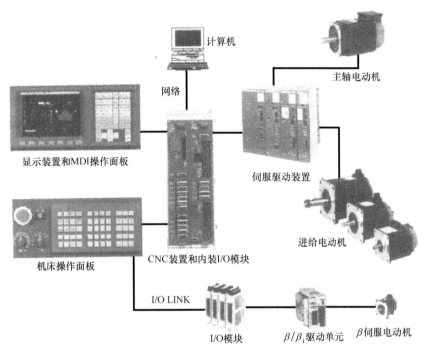

图 1-7　FANUC-0iMA 系统配置图

3. FANUC-16i/18i/21i 系统

20 世纪 90 年代末到 21 世纪初，随着总线控制技术和网络技术的全面发展及应用，FANUC 公司把总线控制技术应用到系统伺服和 PMC 控制上，先后开发出具有网络控制功能的超小型 CNC 系统 FANUC-16i/18i/21i 系列。

FANUC-16i/18i/21i 系统结构形式有两种，一种为分离型 CNC 系统（CNC 系统和显示装置是分体的），另一种为超薄型 CNC 系统（CNC 系统与显示装置一体化），如图 1-8 所示。

系统功能特点如下。

① 以纳米为单位计算发送到数字伺服控制器的位置指令，在与高速、高精度的伺服控制部分配合下实现高精度加工。通过使用高速 RISC 处理器及最先进的伺服控制技术，可以在进行纳米插补的同时，以适合于机床性能的伺服优化软件使机床在最佳工作状态下进给加工。

② 超高速伺服总线通信技术 FSSB（FANUC 伺服系列 BUS 总线）。利用光导纤维将 CNC 控制单元和多个伺服放大器连接起来的高速串行总线，可以实现高速度的数据通信，减少了连接电缆，降低了故障率。

③ 丰富的网络功能。数控机床通过以太网实现远程高速在线加工和现场管理，适合构

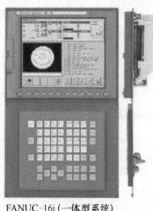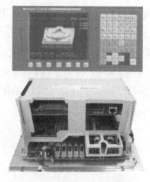

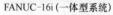

FANUC-16i（一体型系统）　　FANUC-18i（分离型系统）　　FANUC-21i 系统（一体型）

图 1-8　FANUC-16i/18i/21i 系统结构形式

建在工厂加工线和工厂之间进行数据交换的生产系统。用一台计算机集中监控和管理多台 CNC 机床，监控机床的状态、运行报告、程序传输等，用集中管理软件包 CIMPLICITY HMI 可方便地开发用户专用程序。FANUC 系统以太网配置主要有两种形式，一种是内置以太网板，即把以太网板与系统主板集成一体，如图 1-9（a）所示，通过内置以太网控制功能实现远程计算机在线加工。另一种形式是数据服务器（快速以太网板加存储卡板），如图 1-9（b）所示，数据服务器可以实现远程存储在线加工。

(a) 内置以太网板　　　　　　　(b) 数据服务器

图 1-9　FANUC 系统以太网

　　④ 高速传输数据的 FANUC I/O Link 总线。FANUC I/O Link 是用来将各类串行 I/O 设备连接到 PMC 上的 I/O 网络。这些设备包括：小型操作面板 I/O 模块、外置 I/O 单元、分线盘 I/O 模块和 I/O Link 放大器，如图 1-10 所示。一个通道最多可以连接 1024 点输入/1024 点输出，实现高速 PMC 控制或附加伺服轴的控制。

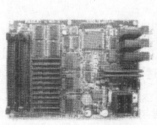

(a)外置I/O单元　(b) 分线盘I/O模块　　(c) 机床操作面板I/O模块　　　(d) I/O Link放大器

图 1-10　FANUC 系统 I/O Link 装置

⑤ 系统内置了 PMC 的编程器，无需另购编程卡。设计调试人员可在机床上现场编程，编好的梯形图在 CNC 上操作直接写入 FROM 中。

⑥ 通过伺服调整软件（Servo Guide）实现伺服的优化处理。伺服调整软件是通过与系统连接的以太网实现对伺服系统的参数进行优化的软件，使用该软件可以获得伺服环节的幅频-相频特性图，通过调整伺服参数使之达到最佳特性。同时也可以通过运行测试程序，检查伺服系统在加工过程中所产生的误差，再通过调整参数减少误差，达到优化参数的目的。伺服调整卡及调整软件如图 1-11 所示。

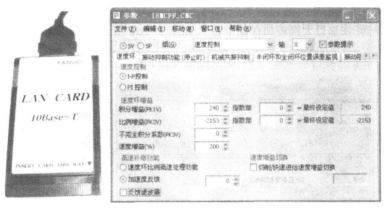

图 1-11　伺服调整卡及调整软件（Servo Guide）

⑦ 存储卡的数据通信和在线加工功能。通过存储卡进行的分区数据备份和回装，可以借助计算机进行数据查阅、编辑和修改以实现存储卡的程序高速和高精度在线加工。

⑧ FANUC-16iB 系统 CNC 控制轴数最多为 8 轴，最多同时控制轴数为 6 轴；FANUC-18iB5 系统 CNC 控制轴数最多为 6 轴，最多同时控制轴数为 5 轴；FANUC-2lib 系统 CNC 控制轴数最多为 5 轴，最多同时控制轴数为 4 轴。产品系列有车床用的 T 系列，铣床、加工中心、磨床和钻床用的 M 系列，冲床用的 P 系列。

21 世纪初，FANUC 公司在此类系统基础上，先后开发出高性能的开放式 FANUC-160i/180i/210i 系统和高可靠性的开放式 FANUC-160is/180is/210is 系统。该系列系统是一台独立的 CNC，内部具有运行于 Windows XP/Windows CE 的计算机板，经高速串行总线接口与 CNC 显示单元连接。

4. FANUC-0iB/0i Mate-B

FANUC 的 CNC 系统 0iB/0i Mate B 是 2003 年推出的高可靠性、高性价比的系统，其特点是结构紧凑，连接简单：使用了高速串行伺服总线（用光缆连接）和串行 I/O 数据口，有以太网口。该系统使用了 FANUC 最新的 αis 伺服电动机，这种 αis 伺服电动机是采用高性能磁性材料的交流同步电动机，比同规格的 α 电动机体积小了 1/3，另外短时运行的过载倍数为 4 倍，因此加速快，使得伺服机构跟随性能好，模具加工时可提高工件的形状精度。CNC 的控制软件中有多项提高插补速度、提高精度等先行控制功能（G05 和 G08），因此，0iB 非常适合于高精度模具加工机床。

FANUC-0iB 配置如图 1-12 所示。

FANUC-0iB 分 A、B 两个功能包，B 包的配置较低，伺服控制轴数为 4 轴 4 联动，即无论车床或铣床均可实现 4 个轴的插补。

B 包用 βis 伺服电动机和 βi 主轴电动机，实现了更高的性能价格比。系统内置了 PMC 的编程器，无需另购编程卡，设计调试人员可在机床上现场编程，编好的梯形图在 CNC 上

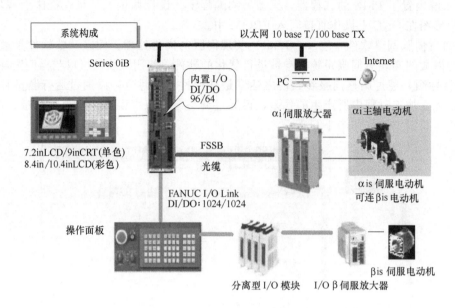

图 1-12　FANUC-0iB 系统配置图

操作直接写入 FROM 中。

　　FANUC-0i Mate B 是普及型系统，因此只配 βis 伺服电动机和 βi 主轴电动机，控制轴数为 3 轴。

　　5. FANUC-0iC/0i Mate C

　　2004 年 FANUC 公司在 21i（一体型）基础上开发出高可靠性、普及型和性能价格比卓越的 0iC 和 0i Mate C 系统，2006 年 6 月以后又对系统的硬件和软件进行了升级。

　　（1）FANUC-0iC 系统的配置

　　图 1-13 为 FANUC-0iC 系统的配置图。

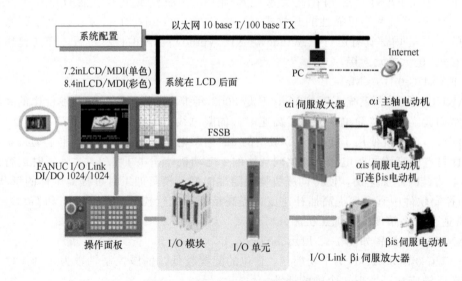

图 1-13　FANUC-0iC 系统配置图

　　① 系统功能选择　系统功能包有 A 包和 B 包两种选择。2007 年 4 月以后 0iC 系统具备

5个CNC轴控制功能（选择功能）和4轴联动。根据机床特点和加工需要，系统可以选择扩展功能板，如串行通信（DNC2）功能板、以太网板、高速串行总线（HSSB）功能板及数据服务器功能板，但具体使用时只能从中选择两个扩展功能板。

② 显示装置和MDI键盘　系统A包功能的显示装置标准为8.4in彩色LCD，选择配置为10.4in高分辨率的彩色LCD；系统B包则为7.2in黑白LCD。MDI键盘标准为小键盘，选择配置为全键盘，显示器与MDI键盘形式有水平方式和垂直方式两种。

③ 伺服放大器和电动机　系统A包标准为αi伺服模块驱动αi系列主轴电动机和进给伺服电动机；系统B包标准为βi/βis伺服单元驱动βis系列主轴电动机和进给伺服电动机。

④ I/O装置　根据机床特点和要求选择各种I/O装置，如外置I/O单元、分线盘式I/O模块及机床面板I/O板等。

⑤ 机床操作面板　可以选择系统标准操作面板，也可以根据机床的特点选择机床厂家的操作面板。

⑥ 附加伺服轴　系统的选择配置，需要I/O Link βi系列伺服放大器和βis伺服电动机，最多可以选择8个附加伺服轴，每个伺服轴占用128个输入/输出点，根据机床I/O Link使用的点数来确定。

（2）FANUC-0i Mate C系统的配置特点

FANUC-0i Mate C是普及型系统，其配置与FANUC-0iC不同之处如下。

① 系统功能选择　系统功能包为B包功能，最多具备3个CNC轴控制功能和3轴联动（用于车床的FANUC-0i Mate TC，2轴2联动；用于铣床、加工中心的FANUC-0i Mate MC，3轴3联动）。系统只有基本单元无扩展功能。

② 伺服放大器和电动机　系统伺服为βi/βis伺服单元驱动βis系列主轴电动机和βis进给伺服电动机。

6. FANUC 30i/31i/32i/0iD 系统

FANUC公司推出的最新的数控系统是FANUC-30i/31i/32i，2008年公司又推出了FANUC-0iD/0i Mate D系统。FANUC-0iD系统是FANUC-32i系统的简化版本。系统功能和主要特点如下。

（1）系统伺服采用多通道控制

FANUC-30i系统为10个通道，CNC轴数为32轴、8主轴，联动轴数为24轴；FANUC-31i系统为4个通道，CNC轴数为20轴、6主轴，联动轴数为4轴（FANUC-31iA5为5轴）；FANUC-32i系统为2个通道，CNC轴数为9轴、2主轴，联动轴数为4轴。

FANUC-0i TD系统是2个通道，CNC轴数为8轴、2主轴，联动轴数为4轴；FANUC-0i MD系统是1个通道，CNC轴数为5轴、2主轴，联动轴数为4轴；FANUC-0i Mate D系统是1个通道，CNC轴数为3轴、1主轴，联动轴数为3轴。

（2）具有多种语言指定功能

系统有18种语言指定功能，其中汉字显示又分为繁体汉字和简体汉字两种形式。机床报警信息可以为汉语显示，更加便于维修。

（3）加工程序的仿真功能

加工程序可以通过系统仿真功能来进行程序的检查。程序通过三维图显示，可以更加直观和快捷地进行修改。

（4）误操作防止功能

系统误操作功能包括加工程序的误操作、刀偏误操作、坐标偏移误操作及坐标系设定误操作4项功能的设定和确认，使机床操作更加安全可靠。

（5）定期维护功能

定期维护画面是对耗件（例如 LCD 单元的背光和后备用电池等）进行管理的画面。通过设定耗件的名称、寿命、计数方法，即按照对应该耗件的方法进行计数，显示其剩余时间。通过这一画面的使用，便于用户管理需要定期更换的耗件。

定期维护画面上有 4 个画面：状态画面、设定画面、机床系统菜单画面和 NC 系菜单画面。

（6）系统参数设定帮助菜单功能

系统参数设定帮助菜单主要是伺服参数的引导设定和伺服的自动调整设定，使机床达到优化控制，实现数控加工的高精度控制。

（7）系统的保护级别的设定功能

系统保护级别分为 8 个级别，其中 4～7 级别通过口令进行设定，使系统有些功能参数安全等级更高，如系统 CNC 参数、系统 PMC 参数等。

（8）系统可以选择各种总线功能板

系统有 Profibus、DeviceNet 和 FL-net 总线功能板（为系统选择功能），FANUC-0iD 系统只能有 Profibus 总线板选择。选择总线功能板系统就可以和其他公司 PLC 模块兼容，如西门子公司的 PLC、AB 公司的 PLC 通信，实现数据的采集和处理。

（9）系统具有以太网功能

系统有内置以太网、快速以太网（数据服务器）和 PCMCIA 以太网卡三种，FANUC-0iD 系统内置以太网功能为标配，快速以太网（数据服务器）和 PCMCIA 以太网卡为选配，FANUC-0i Mate D 系统只能选择 PCMCIA 以太网卡功能。

1.5 任务决策和实施

以下以一加工中心（VMC750）为例进行数控机床及其数控系统特点介绍。

VMC750 立式加工中心具有 X 轴、Y 轴、Z 轴三个数控轴，可进行各种铣削、镗孔、攻丝、旋切大螺纹孔和各种曲面加工，适用于汽车、家电、机械、模具等行业的复杂零件的多品种、中小批量的生产。

1. 机床特点

① 采用 FANUC-0i Mate MC 数控系统，三轴联动，半闭环控制。

② 床身、立柱、工作台、主轴箱采用高刚性设计。

③ X、Y、Z 三轴均采用大功率电动机通过联轴器直接驱动滚珠丝杠，无需齿轮或带轮传动，提高了可靠性和定位精度。

④ 主轴采用一级（1∶1）同步齿形带传动。

⑤ 集中润滑，确保重要部位润滑良好。

⑥ 采用机械手换刀方式。

2. 机床主要规格参数

工作台行程（X、Y 向）	X：600mm；Y：450mm
主轴头垂直行程（Z 向）	520mm
主电动机功率	7.5kW
主轴最高转速	8000r/min
主轴最大输出扭矩	105N·m
进给电动机功率	X、Y：1.8kW；Z：2.5kW
快速移动速度（X、Y、Z 向）	X、Y：36m/min；Z：20m/min

进给速度范围	1~20000mm/min
主轴锥孔	BT40
坐标定位精度	0.01mm
重复定位精度	0.006mm
刀库容量	16 把

3. 机床所配 FANUC-0i Mate MC 数控系统的特点

可参考前面相关内容进行说明。

课 后 练 习

1. FANUC-0i C 和 0i Mate C 有何不同?

2. 一数控车床 CAK6140，原来采用的是 FANUC-0TD 系统，主轴采用变频调速，由于系统主板损坏，已没有修复必要，现在准备改成 FANUC-0i Mate TC 系统，说明如何配置系统，并画出系统的连接图。

任务2 连接数控机床外围电气控制线路

【任务描述】

对照电气原理图，完成数控机床实训平台外围电气控制线路的连接（主要为系统电源、伺服放大器动力电源和控制电源及相关回路等），原有电气控制线路已事先被拆除。

【相关知识】

2.1 常用电气元件及其功能

1. 小型断路器（空气开关）QF

断路器（空气开关）主要用于照明配电系统和控制回路，在机床电气中常用于过载、短路保护，同时也可以在正常情况下不频繁地通断电器装置和照明线路。小型断路器外形及电气元件符号如图 2-1 所示。

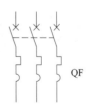

(a) 单相断路器外形及电气元件符号　　　(b) 三相断路器及电气元件符号
图 2-1 小型断路器

2. 交流接触器 KM

在机床电气中用来频繁地接通或分断带有负载的主电路（如电动机）的自动控制电器。工作原理：当线圈通电后，静铁芯产生电磁吸力将衔铁吸合。衔铁带动触点系统动作，使常闭触点断开，常开触点闭合。当线圈断电时，电磁吸力消失，衔铁在反作用弹簧力的作用下释放，触点系统随之复位。交流接触器外形及电气元件符号如图 2-2 所示。

3. 中间继电器 KA

中间继电器实质上是电压继电器的一种，其结构及工作原理与接触器相似，但因继电器

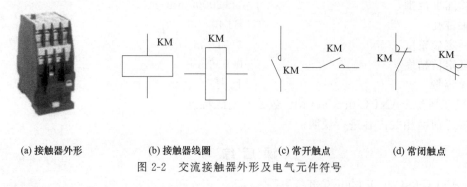

(a) 接触器外形　　　(b) 接触器线圈　　　(c) 常开触点　　　(d) 常闭触点

图 2-2　交流接触器外形及电气元件符号

一般用来接通和断开控制电路，故触点电流容量较小（一般 5A 以下）。数控机床中使用最多的是小型中间继电器，其外形及电气元件符号如图 2-3 所示。

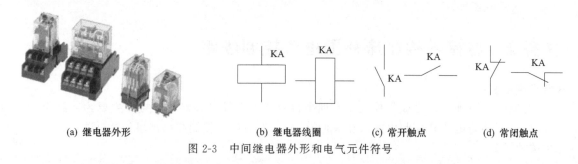

(a) 继电器外形　　　　　(b) 继电器线圈　　　(c) 常开触点　　　(d) 常闭触点

图 2-3　中间继电器外形和电气元件符号

4. 变压器 TC

变压器是一种将某一数值的交流电压变换成频率相同但数值不同的交流电压的静止电器，在控制设备中作为控制电路电源。如图 2-4 所示。

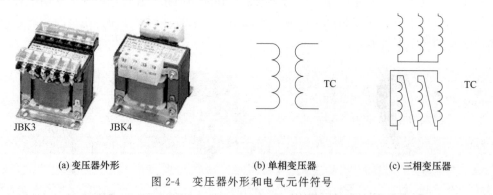

JBK3　　　JBK4

(a) 变压器外形　　　　　　(b) 单相变压器　　　(c) 三相变压器

图 2-4　变压器外形和电气元件符号

5. 开关电源 VC

开关电源被称作高效节能电源，因为内部电路工作在高频开关状态，所以自身消耗的能量很低，电源效率可达 80% 左右，比普通线性稳压电源提高近一倍，主要用于需要直流电源的设备供电（DC24V）。如图 2-5 所示。

6. 机床电源开关 SA

机床电源开关如图 2-6 所示。

7. 按钮开关 SB

按钮开关通常用来接通或断开控制电路（其中电流很小），从而控制电动机或其他电器

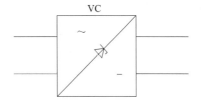

(a) 开关电源外形 　　　　 (b) 开关电源图形和文字符号

图 2-5　开关电源

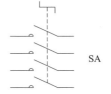

(a) 电源开关外形 　　 (b) 电源开关电气图形和文字符号

图 2-6　机床电源开关

设备的运行。如图 2-7 所示。

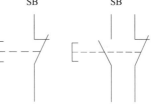
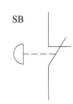

(a) 按钮开关外形 　 (b) 常开触点 　 (c) 常闭触点 　 (d) 复式触点 　 (e) 紧急停止

图 2-7　按钮开关

2.2　数控机床外围电气控制线路

　　下面以 RS-SX-FANUC 0i Mate TC 数控机床实训平台的几个典型线路为例，说明数控机床外围电气控制线路的连接。

　　2.2.1　动力电源及控制电源的连接

　　FANUC 伺服系统所需动力电源为三相 AC200V，而数控系统、I/O 单元等控制单元则需要 DC24V 的电源。

　　1. 伺服系统的动力电源

　　① 如图 2-8 所示，三相 AC380V 电源（1L1、1L2、1L3）经空气开关 QF2 到伺服变压器 TC1 降压为三相 AC200V（101、102、103）为伺服驱动器提供动力电源，两相 AC380V 电源（1L1、1L2）经空气开关 QF5 到 TC2 变压为单相 AC220V（1、10）为控制回路提供控制电源。

　　② 当伺服系统的 MCC 信号准备好后，接触器 KM2 的线圈通电吸合，KM2 的常开触点控制伺服驱动器通电启动，并为伺服电动机提供动力电源，如图 2-9 所示。

　　2. 变频器的动力电源

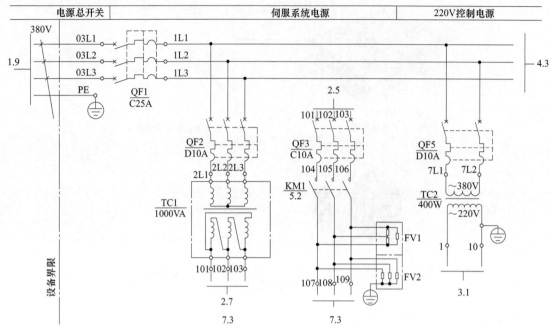

图 2-8 伺服系统电源和 AC220V 控制电源

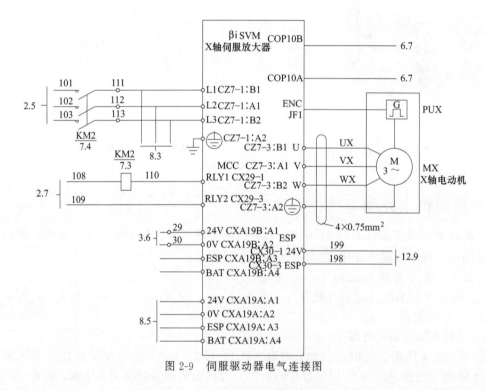

图 2-9 伺服驱动器电气连接图

如图 2-10 所示，AC380V（1L1、1L2、1L3）经空气开关 QF5 由接触器 KM3 的主触点（常开）实现逻辑控制给变频器供电，经过变频器处理后输出三相强电控制主轴电动机的运行。其中主轴运行速度指令由数控系统的 JA40（模拟主轴）接口提供 0～10V 的转速模拟指令电压，主轴的正反转则由 PMC 控制继电器 KA5、KA6 的线圈通电，将变频器的 SD 信号分别接入 STF（正转）和 STR（反转）指令端子来控制。

变频电源	主轴电机	转速设定	主轴正转	主轴反转	报警	

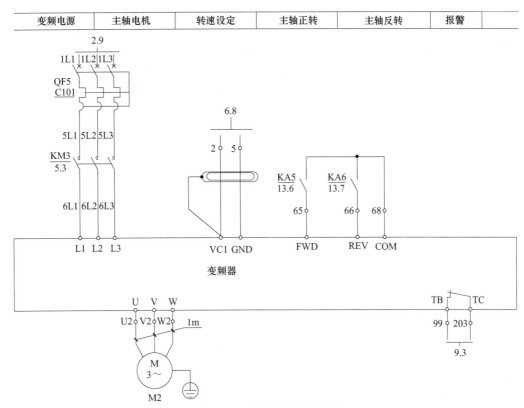

图 2-10　变频器电气连接图

3. 数控系统电源及 PMC 的 I/O 信号电路电源

如图 2-11 所示，AC220V 的控制电源经空气开关 QF7，钥匙开关 SA1 给开关电源供电，开关电源输出 DC24V 的电源。当 KM1 辅助触点闭合后，经 29 号和 30 号线为数控系统、伺服系统、PMC 输入/输出信号提供电源，详见实训平台电气原理图。

2.2.2　各元器件之间的连接及控制原理

1. 数控系统的启动与停止（NC ON/OFF）

（1）数控系统的启动

如图 2-12 所示，按下系统的启动按钮 SB4（常开），继电器线圈 KA1 通电，控制 KA1 的触点动作（常开吸合、常闭断开），并由电路实现自锁功能，同时使接触器 KM1 的线圈通电吸合，数控系统通电。

（2）强电回路的接通

待数控系统启动完成并一切正常（通过系统自检、急停解除等）后，X 轴驱动器内部的 MCC 继电器触点闭合，使接触器 KM2 通电吸合，从而使所有驱动器通上强电。与此同时，数控系统 I/O 输出端的 Y1.7 输出 DC24V，继电器 KA4 线圈通电，使控制变频器电源接通的接触器 KM3 通电吸合，从而变频器通上强电。

（3）数控系统的停止

按关机按钮 SB3（常闭），继电器 KA1 线圈断电，其触点恢复常态（常开的断开、常闭恢复闭合），导致控制驱动器电源接通及数控系统通电的线圈 KM1 断电，其触点断开，数控系统和驱动器断电停止。所有 PMC 的 I/O 信号消失，Y1.7 断电则继电器 KA4 断开，使控制变频器接通的 KM3 线圈断电，变频器断电，数控机床停止工作。

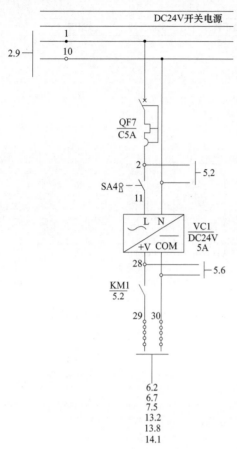

图 2-11　24V（DC）开关电源

2. 主轴的正反转控制回路

当按机床控制面板上主轴正转按钮或执行 M03 指令时，I/O 端 Y1.0 输出 DC24V，继电器线圈 KA5 通电吸合，从而接通变频器正转信号，实现主轴的正转。当按机床控制面板上主轴反转按钮或执行 M04 指令时，I/O 端 Y1.1 输出 DC24V，继电器线圈 KA6 通电吸合，从而接通变频器反转信号，实现主轴的反转，如图 2-13 所示。

3. 刀架换位和锁紧回路

刀架换位时，I/O 端 Y1.2 输出 DC24V，使控制刀架正转的继电器线圈 KA2 通电吸合，接触器线圈 KM4 通电，KM4 常开触点吸合，刀架电动机正转，刀架换位。由于 KM4 常闭触点断开，此时反转不可能接通。当系统检测到目标刀位后，I/O 端 Y1.2 停止输出，线圈 KM4 断电，则刀架停止正转，而 I/O 端 Y1.3 输出 DC24V，使控制刀架反转的继电器线圈 KA3 通电吸合，接触器线圈 KM5 通电，其常开触点吸合，通过调整电动机的相序实现反转使刀架锁紧。KM5 常闭触点断开，此时反转不可能接通，换位和锁紧形成互锁。刀架换位和锁紧控制回路和主回路分别如图 2-13 和图 2-14 所示。

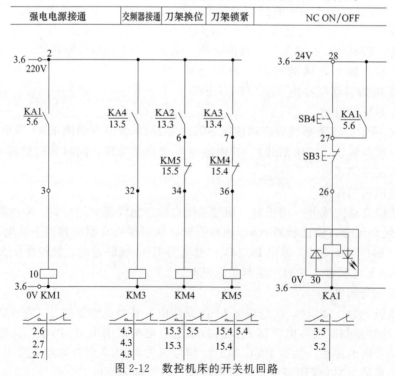

图 2-12　数控机床的开关机回路

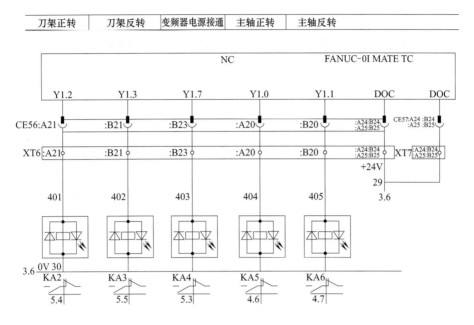

图 2-13　正反转控制回路

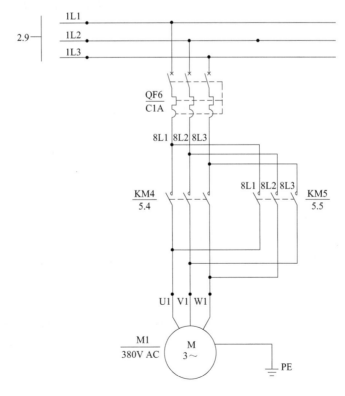

图 2-14　刀架正反转主回路

2.3 任务决策和实施

1. 检验器材质量

在不通电的情况下，用万用表或目测检查各元器件各触点的分合情况是否良好；检查按钮的螺丝是否完好；检查接触器的线圈电压与电源电压是否相等。

2. 实训平台外围线路连接

按照电气原理图，完成 RS-SY-FANUC 0i Mate TC 数控机床综合实训台系统电源、伺服放大器动力电源和控制电源等相关回路的连接。

布线时应符合平直整齐、走线合理及节点不得松动、露铜不得过长等要求。其原则如下。

① 同一平面的导线应高低一致或前后一致，不能交叉。当必须交叉时，该根导线在接线端子引出时，水平架空跨越，但必须走线合理。

② 布线应横平竖直，变换走向应垂直。

③ 一个电器元件接线端子上的连接导线一般只允许连接一根。

④ 布线和剥线时严禁划伤线芯和导线绝缘。

⑤ 识别标牌应清晰、耐久，适合于实际环境。

3. 线路检查

① 连线结束后，整理电柜，要求做到电柜内没有废弃线头、压线端子、灰尘等杂乱物。

② 通电前检查。对照电气原理图，检查线路。在检查线路时应注意以下几点

a. 所有相同线号的两端应是直通的（数值式万用表会有 0.001～0.003 的显示，指针式万用表的指针会指向电阻挡的最小端）。

b. 所有线端对地线测量时不应有短路现象（零线除外，因为系统 24V 电源的负端是和系统外壳同电位的）。

c. 交流线端之间不应存在相互短路，变压器绕组线圈会存在一定的电阻。

d. 理清元器件上的线号、线圈以及触点，线号应与其元器件对应；主触点与辅助触点不能相混淆（主触点用于主回路，连接电动机、系统电源等，辅助触点用于控制回路）；变压器的原边与副边不能接反。

e. 各元器件的接线点应与压线端子充分接触，应保证每个压线端子被压在接线点或压线片的下方；各压线端子不能有松动，要牢固可靠。

③ 通电检查。

a. 合上电柜上的电源总开关，测量三相进线的电压，每两相间的电压为 AC380V±10%，各相对地电压为 AC220V±10%。

b. 测量伺服变压器的输出电压。副边每两相间的电压为 AC200V（-15%～+10%）。若副边各相间电压异常，应检查伺服变压器的原边与副边，原边与副边不能倒置。

c. 测量开关电源的输入电压（AC220V±10%）和输出电压（DC24V±10%）是否正常。

2.4 检查和评估

检查和评分表如表 2-1 所示。

表 2-1 项目检查和评分表

序号	检查项目	要求	评分标准	配分	扣分	得分
1	外围电气连接	1. 能按照电气原理图或接线图正确完成机床外围线路的连接 2. 所有连接应牢固,布线合理	线路连接错误每一处扣 8 分,直至扣完该部分配分	40		
2	电路检查	1. 正确进行通电前的各项线路检查工作 2. 正确运用万用表检查线路电压是否正常	发现一处异常扣 8 分,直至扣完该部分配分	40		
3	其他	1. 操作要规范 2. 在规定时间完成(40 分钟)	1. 操作不规范每一处扣 5 分,直至扣完该部分配分 2. 超过规定时间扣 5 分,最长工时不得超过 50 分钟	20		
			合 计	100		
备注			考评员 签字		年 月 日	

课 后 练 习

1. 某加工中心上的 CNC 通电回路设计如图 2-15 所示,分析回路中各元件的作用和 CNC 通电过程。

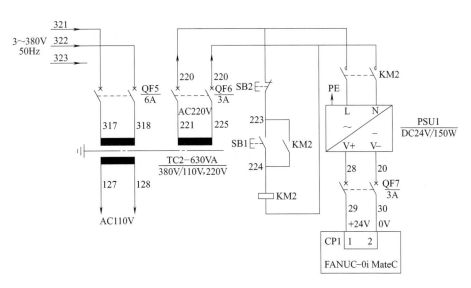

图 2-15 CNC 通电回路

2. 某加工中心上的伺服放大器通电回路设计如图 2-16 所示,分析回路中各元件的作用和 SV 通电过程。

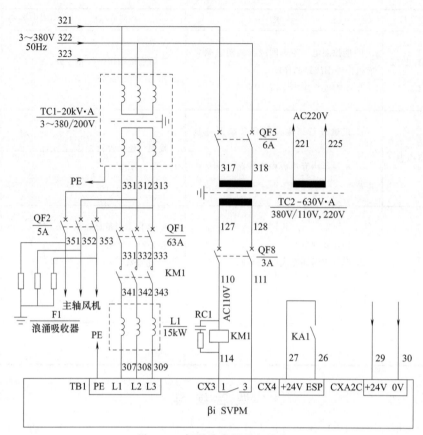

图 2-16 伺服放大器通电回路

任务 3 连接 FANUC-0iC（0i Mate C）数控系统

【任务描述】

在数控车床实训平台（FANUC-0i Mate C 系统）上依照电气原理图完成数控系统的连接，并进行通电检查。

【相关知识】

3.1 FANUC-0iC 系统数控装置硬件结构和功能接口

1. CNC 数控装置硬件的结构组成

图 3-1 是 2006 年 6 月以前的 0iC/0i Mate C 系统数控装置的内部结构，其上层功能板有 CPU 卡、显卡和轴控制卡，下层功能板有闪存 FROM/静态存储器 SRAM、电源单元。

CPU 卡：该板上安装了系统的主 CPU、存储系统引导文件的 ROM 和动态存储器 DRAM 等。

显卡：视频信号和图形/文字显示信号。

轴控制卡：电动机标准参数和伺服轴的控制信息等。

FROM/SRAM 模块：FROM 中装载了系统各种管理和控制软件以及机床厂家的 PMC 程序和宏管理文件；SRAM 中存储了系统 CNC 参数、PMC 参数、加工程序及各种补偿

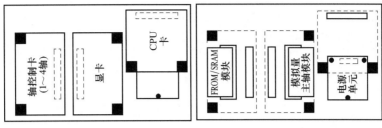

(a) 系统主模块上层功能板　　　　(b) 系统主模块下层功能板

图 3-1　2006 年 6 月以前 FANUC-0iC/0i Mate C 系统主模块内部结构

值等。

电源单元模块：为系统提供各种直流电源电压。

2006 年 6 月以后，FANUC 公司对该类系统进行了升级，数控装置的内部结构如图 3-2 所示。主要特点如下。

① 取消了 CPU 卡，把主 CPU、存储系统引导文件的 ROM 和动态存储器 DRAM 都集成到了系统主板上。

② 取消了电源单元模块，把电源电路集成到系统主板上。

③ 取消了分离型显卡，采用了集成显卡结构（即和主板集成一体）。

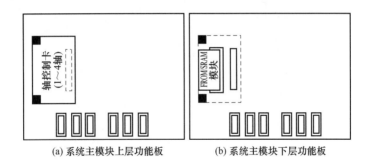

(a) 系统主模块上层功能板　　　　(b) 系统主模块下层功能板

图 3-2　2006 年 6 月以后 FANUC-0iC/0i Mate C 系统主模块内部结构

2. 数控装置接口及其功能

图 3-3 所示为 FANUC-0iC/0i Mate C 系统（2006 年 6 月以后）数控装置接口图。各个接口的功能如下。

CP1：系统直流 24V 输入电源接口。

CA114：系统存储器电池（3V）。

FUSE：系统 DC24V 输入熔断器（5A）。

JA7A：串行主轴/主轴位置编码器信号接口。当主轴为串行主轴时，与主轴放大器的 JA7B 连接，实现主轴模块与 CNC 系统的信息传递；当主轴为模拟量主轴时，该接口是外接主轴编码器的接口。

JD1A：外接的 I/O 卡或 I/O 模块信号接口。

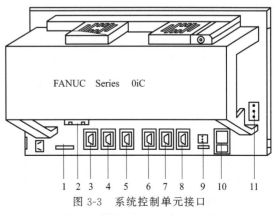

图 3-3　系统控制单元接口

1—CN2；2—COP10A；3—JA2；4—JD36A；
5—JD36B；6—JA40；7—JD1A；8—JA7A；
9—FUSE；10—CA114；11—CP1

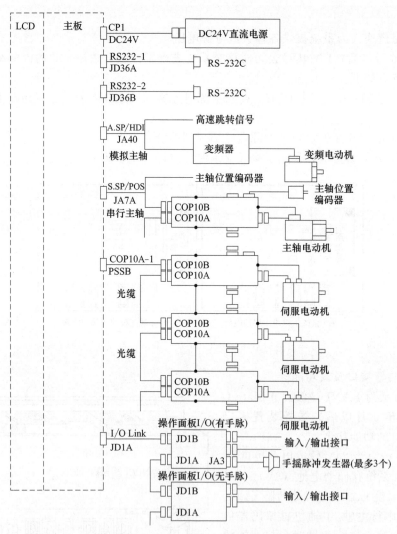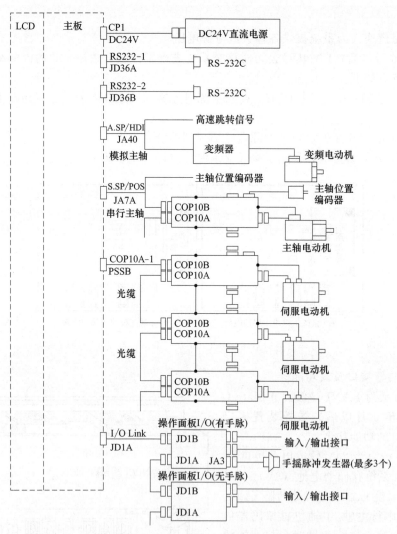

JA40：模拟量主轴的速度信号接口（0～10V）。

JD36A：RS-232-C 串行通信接口（0、1 通道）。

JD36B：RS-232-C 串行通信接口（2 通道）。

JA2：系统 MDI 键盘信号接口。

COP10A：伺服轴光纤接口，与伺服放大器的 COP10B 连接。

CN2：系统操作软键信号接口。

3.2 数控系统的连接

FANUC-0iC/0i Mate C 系统接口的整体连接如图 3-4 所示。

图 3-4　FANUC-0iC/0i Mate C 系统总体连接图

1. CNC 控制单元（数控装置）电源的连接

CNC 控制单元电源由开关电源提供，电源要求为 DC24V±10％（21.6～26.4V）。电源由 CP1 接口接入，如图 3-5 所示。

2. RS-232C 通信端口的连接

图 3-5　控制单元电源连接

输入/输出设备接口遵循 RS-232C 标准，因此 FANUC-0i 系统可以和任何 RS-232C 接口设备连接，连接如图 3-6 所示。

3. 显示单元和 MDI 的连接

0iC 属于 LCD 与 CNC 一体型的紧凑系统，控制单元、显示器和 MDI 键盘出厂时已安装好，不需要再连接它们。

4. CNC 控制单元与伺服放大器的连接

FANUC-0iC 可配套使用 αi 系列或 βi 系列放大器。图 3-7 是 FANUC-0iC 系统 CNC 控制单元与 αi 系列放大器及数字伺服/主轴放大器的连接。

CNC 与伺服放大器之间只用一根光缆连接，与控制轴数无关。在控制单元侧，COP10A 插头安装在主板的伺服轴卡上。光缆从 CNC 控制单元侧的 COP10A 连接到伺服放大器的 COP10B，伺服放大器之间采用级联连接。

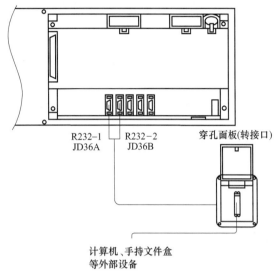

图 3-6　控制单元与外部设备连接图

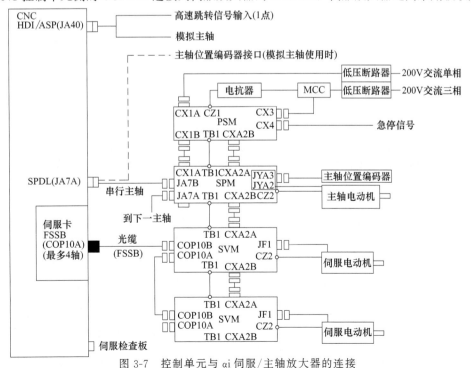

图 3-7　控制单元与 αi 伺服/主轴放大器的连接

　　电源模块 PSM 的主要作用是为主轴模块和伺服模块提供直流主回路电源和控制电源，该模块与 SPM（主轴模块）、SVM（伺服模块）之间的短接片 TB1 是连接主回路直流 300V 电压用的连接线，一定要拧紧，否则容易产生报警甚至烧坏电源模块和主轴模块。

　　电源模块的 CX1A 为控制电源输入端口，将输入的 AC200V 交流电转换成直流电（DC24V、DC5V），为电源模块本身提供控制回路电源，并通过 CXA2B 为主轴模块、伺服模块提供 DC24V 控制电源。

　　对于 PSM 的 MCC 一定不要接错，MCC 插座之间只是一个内部触点，如果错接成200V，将会烧坏 PSM 控制板。正确接法如图 3-8 所示。

图 3-8　MCC 的正确接法

　　伺服模块各接口及其功能具体说明见项目五相关内容。

　　5. 主轴单元的连接

　　（1）串行主轴的连接

　　CNC 与串行主轴的连接使用 JA7A 接口，连接如图 3-7 所示。JA7A 串行主轴或位置编码器（模拟主轴使用时）接口引脚信号说明见表 3-1。

表 3-1　JA7A 串行主轴或位置编码器接口引脚信号说明

脚号	信号	信号说明	脚号	信号	信号说明
1	（SIN）	串行主轴 SIN 信号	11		
2	（＊SIN）	串行主轴 ＊SIN 信号	12	0V	0V 电压
3	（SOUT）	串行主轴 SOUT 信号	13		
4	（＊SOUT）	串行主轴 ＊SOUT 信号	14	0V	0V 电压
5	PA	位置编码器 A 相脉冲	15	SC	位置编码器 C 相脉冲
6	＊PA	位置编码器 ＊A 相脉冲	16	0V	0V 电压
7	PB	位置编码器 B 相脉冲	17	＊SC	位置编码器 ＊C 相脉冲
8	＊PB	位置编码器 ＊B 相脉冲	18	＋5V	＋5V 电压
9	＋5V	＋5V 电压	19		
10			20	＋5V	＋5V 电压

注：（）中的信号用于串行主轴，模拟主轴不使用该信号。＋5V、0V 为 CNC 给位置编码器提供的电源。

　　（2）模拟主轴的连接

　　CNC 与模拟主轴驱动器的连接使用 JA40 接口，如图 3-9 所示。JA40 接口电缆接线如图 3-10 所示。

　　关于主轴驱动器及变频器的接口说明及完整连接见项目四。

　　6. I/O Link 的连接

　　（1）I/O Link 连接说明

　　FANUC I/O Link 是一个串行接口，将 CNC 单元控制器、分布式 I/O（如 I/O 单元、分线盘 I/O 模块等）、机床操作面板等连接起来，并在各设备之间高速传送 I/O 信号。

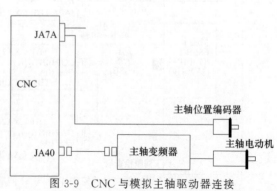

图 3-9　CNC 与模拟主轴驱动器连接

I/O Link 分为主单元和子单元，作为主单元的控制单元与作为子单元的分布式 I/O 相连。I/O Link 的两个插座分别为 JD1A 和 JD1B，对具有 I/O Link 功能的单元来说是通用的。电缆总是从一个单元的 JD1A 连接到下一个单元的 JD1B，最后一个单元无需连接终端插头。JD1A 和 JD1B 的引脚分配都是一致的，如图 3-11 所示。

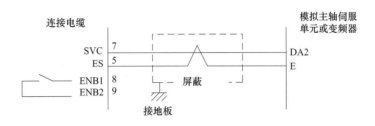

图 3-10　JA40 接口电缆接线

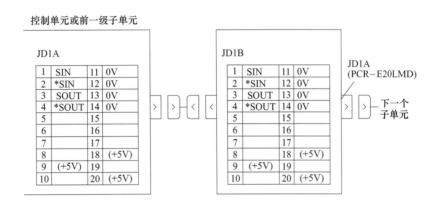

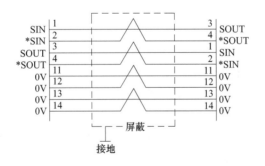

图 3-11　FANUC 系统 I/O Link 的电缆接线

（2）I/O 单元的连接

0iC 用 I/O 单元必须进行 I/O 地址分配和设定，具体地址分配关系和设定方法见项目三相关内容。I/O 单元的 I/O 点数为 96 点入、64 点出，如需增加点数，可通过 I/O Link 扩展分布式 I/O。I/O 单元的连接如图 3-12 所示。

CP1：DC24V 电源接入。

CP2：DC24V 电源输出。

CB104、CB105、CB106、CB107：机床控制面板、机床上及机床电气控制柜中开关信

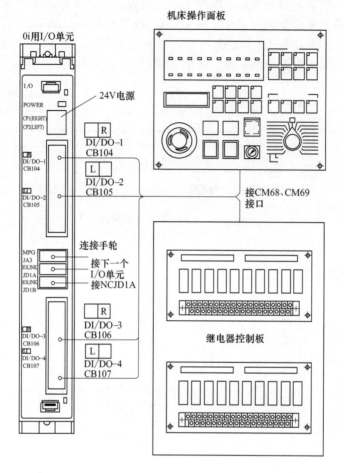

图 3-12 FANUC 系统 I/O 单元连接图

号、指示信号、继电器板、执行器件信号地址连接。

MPG JA3：连接手轮。

JD1A：连接到下一个 I/O 模块。

JD1B：接 CNC 单元或上一个 I/O 模块的 JD1A 接口。

（3）机床控制操作面板的连接

在实际使用中，数控机床的控制操作面板有两大类：一类是 FANUC 标准操作面板，由主面板和子面板（带有倍率开关的面板）组成，FANUC 标准操作面板电路中含有一个 I/O 单元模块，其连接如图 3-13 所示；另一类是机床生产厂家自行制造的操作面板，这类不能通过 JD1A、JD1B 接口与其他 I/O 单元连接，只能通过 CM68、CM69 接口与分离式 I/O 单元的 CB104、CB105、CB106、CB107 连接（图 3-12 所示的控制操作面板即为该类型）。

7. 数控系统通电顺序

数控系统及各模块连接后，要进行仔细检查，确定连接无误后，可对其通电检查。整个数控系统中电源有：直流 24V、三相交流 200V、交流 220V 三大类。各个模块之间的通电与断电顺序有一定的要求，在通电操作时，要遵循这一规定，否则会出现系统报警，严重时会损坏系统硬件。数控系统的通、断电顺序见表 3-2 所示。

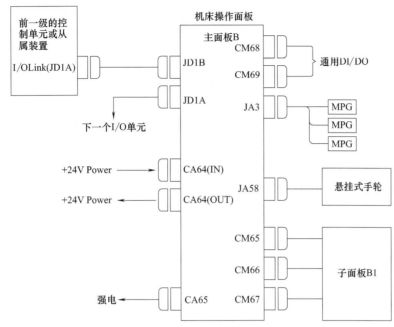

图 3-13　FANUC 标准操作面板的连接

表 3-2　**数控系统通电与断电顺序**

顺序	通电操作	断电操作
1	机床总电源接通	机床辅助装置电源断电
2	驱动器控制电源接通	CNC 系统 24V 断开
3	I/O Link、显示器、其他 24V 通电	I/O Link、显示器、其他 24V 断开
4	CNC 系统 24V 通电	伺服主电源 AC200V 断开
5	伺服主电源 AC200V 接通	驱动器控制电源断开
6	机床辅助装置电源接通	机床总电源断开

3.3　任务决策和实施

1. 数控系统电源的连接

按照机床电气原理图完成数控系统的开关机电路的连接，给系统 CP1 接口提供 DC24V 的电源。

2. 数控系统与外围设备的连接

① 完成系统的 JA2 接口与 MDI 键盘的连接。

② 完成系统的 JD36A 和 JD36B 两个接口与 RS-232 通信线路的连接。

③ 完成系统的 JD1A 接口通过 I/O Link 电缆与 PMC 的外置 I/O 卡的连接。

④ 完成系统的 CA114 接口即系统存储器电池的连接。

⑤ 完成系统的 FUSE 接口即系统保险丝的连接。

3. 数控系统与进给伺服模块的连接

βi 系列单轴伺服放大器具体功能接口如图 3-14 所示。

L1、L2、L3：主电源输入端接口，三相交流电源 200V、50Hz。

U、V、W：伺服电动机的动力线接口。

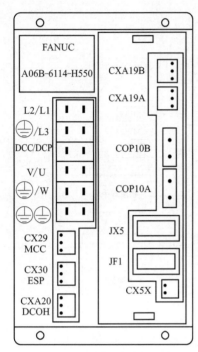

FANUC

A06B-6114-H550

L2/L1

/L3

DCC/DCP

V/U

/W

CX29 MCC

CX30 ESP

CXA20 DCOH

CXA19B

CXA19A

COP10B

COP10A

JX5

JF1

CX5X

图 3-14 βi 系列单轴伺服放
大器功能接口

DCC、DCP：外接 DC 制动电阻接口。

CX29：主电源 MCC 控制信号接口。

CX30：急停信号（＊ESP）接口。

CXA20：DC 制动电阻过热信号接口。

CX19A：DC24V 控制电路电源输入接口，连接外部 24V 稳压电源。

CX19B：DC24V 控制电路电源输出接口，连接下一个伺服单元的 CX19A。

COP10A：伺服高速串行总线（HSSB）接口，与下一个伺服单元的 COP10B 连接（光缆）。

COP10B：伺服高速串行总线（HSSB）接口，与 CNC 控制单元或上一个伺服单元的 COP10A 连接（光缆）。

JX5：伺服检测板信号接口。

JF1：伺服电动机内装编码器信号接口。

CX5X：伺服电动机内装编码器为绝对编码器的电池接口。

按照实训平台电气原理图完成数控系统与进给伺服模块的连接。

4. 数控系统与主轴的连接

该实训平台配置了模拟主轴，无数字主轴。将系统接口 JA40 模拟主轴接口与主轴变频器连接，并完成变频器相关控制端子和主轴电动机的连接。具体连接参见实训平台的电气原理图和本书项目四相关内容。

5. 系统通电前检查

① 机床整体连线结束后，整理电柜，要求做到电柜内没有废弃线头、压线端子、灰尘等杂乱物。

② 对照电气原理图，检查线路。在检查线路时应做到如下几点。

a. 所有相同线号的两端应是直通的（数值式万用表会有 0.001～0.003 的显示，指针式万用表的指针会指向电阻挡的最小端）。

b. 所有线端对地线测量时不应有短路现象（零线除外，因为系统 24V 电源的负端是和系统外壳同电位的）。

c. 交流线端之间不应存在相互短路，变压器绕组线圈会存在一定的电阻。

d. 交流线与直流线端不能互通，若有通、短路现象会烧毁线路板，引起 CNC、伺服系统的故障。

e. 理清元器件上的线号、线圈以及触点，线号应与其元器件对应；主触点与辅助触点不能相混淆（主触点用于主回路，连接电动机、系统电源等，辅助触点用于控制回路）；变压器的原边与副边不能接反。

f. 各元器件的接线点应与压线端子充分接触，应保证每个压线端子被压在接线点或压线片地下方；各压线端子不能有松动，要牢固可靠。

③ 按照电气原理图，设定断路器电流。

④ 机床首次送电时，拔下 CNC 控制单元、伺服模块、I/O 单元上的所有电缆线插头，以防止不正确的电源进入造成数控系统的损坏。

6. 机床送电

首次送电依照以下步骤进行。

① 检查车间电源。合上所供机床电源（车间）的电源开关，用万用表交流500V挡测量电压，每两相间的电压为 AC380V±10%。

② 检查电柜内进线电源。合通电柜上的电源总开关，测量三相进线的电压，每两相间的电压为 AC380V±10%，各相对地电压为 AC220V±10%。

③ 测量伺服变压器的输出电压。副边每两相间的电压为 AC200V（−15%～＋10%）。若副边各相间电压异常，应检查伺服变压器的原边与副边，原边与副边不能倒置。

④ 脱机检查 CNC 电源插头的电压。按下控制面板的系统启动按钮，系统启动回路通电并自锁，CNC 电源插头 CP1 的电压应 DC24V±10%。注意检查 CP1 插头的正负，1 脚白色线为正，2 脚黑色线为负。

⑤ 脱机检查伺服放大器控制电源插头（CXA19A 或 CXA19B）的电压。测量插头的电压为 DC24V±10%。

⑥ 断开电源总开关，插上 CNC 电源插头（CP1）、伺服放大器控制电源插头（CXA19A 或 CXA19B），然后重新合通电源总开关，按下系统启动按钮，系统通电启动。

3.4　检查和评估

检查和评分表如表 3-3 所示。

表 3-3　项目检查和评分表

序号	检查项目	要　　求	评分标准	配分	扣分	得分
1	数控系统与外围硬件连接	1. 能够识别 FANUC 0I C/Mate C 的各功能接口 2. 正确完成数控系统与伺服、主轴等部件的连接	功能接口识别错误每处扣 5 分，系统连接错误每处扣 10 分，直至扣完该部分配分	50		
2	通电检查	能够正确实施通电前的各项检查和系统通电检查	检查方法或步骤不合理每处扣 10 分，直至扣完该部分配分	40		
3	其他	1. 操作要规范 2. 在规定时间完成(40 分钟)	1. 操作不规范每处扣 5 分，直至扣完该部分配分 2. 超过规定时间扣 5 分，最长工时不得超过 50 分钟	10		
			合　计	100		
备注			考评员签字　　　年　　月　　日			

3.5　任务拓展——数控系统抗干扰措施

由于 FANUC 系统与外设之间的电缆连接使用了更多的串行通信结构，因此数控系统干扰的抑制就更为重要，如果电气安装处理不好，经常会发生数控系统和电动机反馈的异常报警，在机床电气完成装配后，处理这类问题就非常困难，为了避免数控系统此类故障的发生，在进行机床的电气装配时，必须全方面考虑系统的布线、屏蔽和接地问题。

1. 数控系统的信号线的分类和安装时的接地处理

在 FANUC 各系统的连接（硬件）说明书中，对数控系统所使用的电缆进行了分类，即 A、B、C 三类。A 类电缆是导通交流、直流动力电源的电缆，电压一般为 380V/220V/

110V 的强电、接触器信号和电动机的动力电缆，此类电缆会对外界产生较强的电磁干扰，特别是电动机的动力线对外界干扰很大，因此，A 类电缆是数控系统中较强的干扰源。B 类电缆是导通继电器的以 24V 电压信号为主的开关信号，这种信号因为电压较 A 类信号低，电流也较小，一般比 A 类信号产生的干扰小。C 类电缆电源工作电压是 5V，主要信号有显示电缆、I/O Link 电缆、手轮电缆、主轴编码器电缆和伺服电动机的反馈电缆，因为此类信号在 5V 的逻辑电平下工作，并且工作频率较高，极易受到干扰，所以在机床布线时要特别注意采取相应的屏蔽措施。

在数控机床的设计中，机床地线的总体连接如图 3-15 所示。对于一台机床的总地线应该连接到如下三个部分：机床本体、强电柜和操作面板。在强电柜中设有地线板数控系统、电源模块、主轴模块和伺服模块的地线端子应该通过地线分别连接到设在强电柜中的地线板上。连接到操作面板的信号线（视频信号、键盘信号、I/O Link 信号和手轮信号）都必须通过电缆卡子将 C 类电缆的屏蔽线卡在电缆卡子的支架上，方能起到屏蔽作用。具体装配方法如图 3-16 所示。

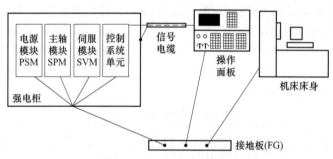

图 3-15　数控系统接地处理

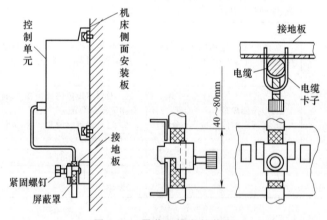

图 3-16　屏蔽电缆夹的装配

对于强电柜引出的各种电缆要根据不同的种类进行合理的走线。应该尽量避免将三种电缆混装于一个导线管内，如特别有困难，最好将 A 类电缆通过屏蔽板与 B 类电缆隔开，如图 3-17 所示。

2. 浪涌吸收器的使用

为了能够防止来自电网的干扰，对异常输入（如闪电）起到保护作用，系统对电源的输入应该设有保护措施。一般情况下，使用 FANUC 系统时要订购浪涌吸收器（surge absorber）。浪涌吸收器包括两件，其中一个为相间保护，而另一个为线间保护。具体的连接方法

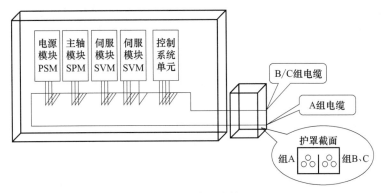

图 3-17 分开走线

如图 3-18 所示，从图中可以看出，浪涌吸收器除了能够吸收输入交流的噪声信号以外，还可以起到保护的作用，当输入的电网电源超出浪涌吸收器的钳位电源时，会产生较大的电流，该电流即可以使得 5A 断路器跳开，输送到其他控制设备的电源随即被切断。

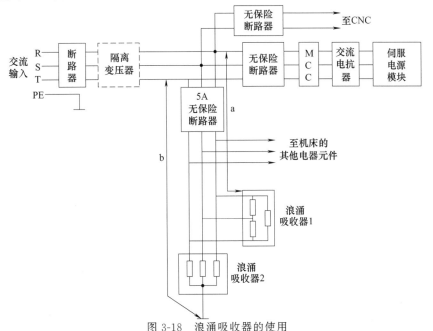

图 3-18 浪涌吸收器的使用

3. 伺服放大器和电动机的地线处理

FANUC 伺服放大器与系统之间用光纤 FSSB 连接，大大减少了系统与伺服间信号的干扰的可能。但是，由于伺服放大器和伺服电动机间的反馈电缆仍然会受到干扰，极易造成伺服和编码器的相关报警，所以，放大器和电动机的接地处理是非常重要的。按照前面介绍的接地要求，伺服的接地处理可参考图 3-19。从动力线

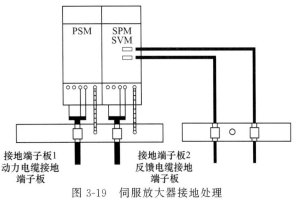

图 3-19 伺服放大器接地处理

与反馈线分开的原则出发，采用动力线和反馈线两个接地端子板。目前，FANUC 所提供的动力线也采用了屏蔽电缆，所以可以进行动力线屏蔽。电动机的接地线要连至接地端子板 1，接地线的直径要大于 1.5mm^2。

课 后 练 习

1. 列出 FANUC-0i Mate TC 系统的主要部件，并画出系统间各部件间的连接图（配 βi 系列单轴伺服放大器，模拟主轴）。

2. 列出 FANUC-0i MC 系统的主要部件，并画出系统间各部件间的连接图（配 αi 系列伺服放大器，串行主轴）。

3. 查阅资料，画出 βi 系列多轴一体化伺服放大器的功能接口连接图。

项目二　数控机床数据的传输操作

任务 4　使用 RS-232 接口进行机床数据的备份与恢复

【任务描述】

使用 RS-232 串行接口完成数控机床系统参数、螺补数据、PMC 参数、数控加工程序等数据备份，然后将机床上的这些文件数据全部清除，最后将备份的数据回装到机床。

【相关知识】

4.1　机床数据分类与存储

数控系统的数据文件主要分为系统文件、MTB（机床制造厂）文件和用户文件 3 类。其中系统文件是由 FANUC 公司提供的数控系统（CNC）和伺服控制软件等，称为系统软件；MTB 文件包括 PMC 程序、机床厂家编辑的宏程序执行器等；用户文件是在 MDI 面板上设定各种不同的机床数据。机床数据主要有 6 种：CNC 参数；PMC 参数；螺距误差补偿值；用户宏变量值；刀具补偿量；零件加工程序。

数控系统中不同的存储空间存放不同的数据文件。数据存储空间主要分为以下两类。

① FROM（闪存），存储器芯片如图 4-1 所示，用于存储系统文件和 MTB 文件。

② SRAM（静态随机存储器），芯片如图 4-2 所示，用于存储用户文件。该存储器在系统断电后，需要由电池供电保护数据，该电池称为数据备份电池。

系统电路板上备有储能电容，如图 4-3 所示。储能电容用于短时间保持 SRAM 芯片中的数据。当更换电池时，储能电容可确保摘下电池的瞬间（通常不超过 30min），SRAM 芯片中的数据不丢失。

图 4-1　FROM 芯片

图 4-2　SRAM 芯片

图 4-3　储能电容

机床不使用时是依靠控制单元上的电池保存用户数据的，电池电压过低或 SRAM 损坏等原因会使机床数据丢失，导致数控系统不能正常工作，因此在数控装置正常工作时，应将机床数据输出给手持文件盒、软盘、存储卡等外部 I/O 设备，以备需要时使用，称之为数据备份。在维修中因不慎造成机床数据丢失，或者在更换了系统中的某些硬件（如存储器模块）时，必须重新向数控系统的存储模块输入这些数据，称为机床数据的恢复。

FROM 中的数据相对稳定，一般情况不易丢失，但是如果遇到更换 CPU 板或存储器模块时，FROM 中的数据均有可能丢失。系统文件在购买备件或修复时会由 FANUC 公司恢复，但是机床厂家文件如 PMC 程序丢失时通常需要用户自己恢复，因此也要做好备份。

4.2 RS-232 异步串行通信数据格式

RS-232 异步串行通信是指通信的发送方和接受方之间数据信息的传输是在单根数据线上完成的，每次以一个二进制的 0、1 为最小单位进行传输。为实现串行通信并保证数据的正确传输，要求通信双方遵循某种约定的规程。目前在 PC 机及数控系统中最简单最常用的规程是异步通信控制规程，或称异步通信协议，其特点是通信双方以一帧作为数据传输单位。每一帧从起始位开始，后跟数据位（位长度可选）、奇偶校验位（奇偶校验可选），最后以停止位结束。起始位表示一个字符的开始，停止位则表示一个字符的结束。异步通信的传送格式如图 4-4 所示。在传送一个字符时，由一位低电位的起始位开始，接着传送数据位

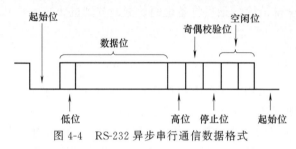

图 4-4 RS-232 异步串行通信数据格式

（7 位或 8 位）。传送数据时，按低位在前，高位在后的顺序传送。奇偶校验位用来检验数据的正确性，可由系统参数设定。最后传送的是高电位的停止位。停止位可以是 1 位或 2 位。停止位到下一个字符的起始位之间的空闲位要由电平 1 来填充（只要不发送下一个字符，线路就始终位于空闲位）。FANUC 系统

异步串行通信中的帧格式是：1 位起始位，7 位数据位，1 位奇偶位，2 位停止位。

4.3 RS-232 数据传输软件的使用

目前用于计算机与数控系统之间通信的常见软件有：计算机操作系统（Windows98/2000/XP）自带的超级终端程序、PCIN、V24、CIMCO 等。下面介绍 CIMCO EDIT V5 的操作方法。

图 4-5 CIMCO EDIT V5 图标

1. 计算机上的相关操作及参数设定

① 将 CIMCO EDIT V5 软件安装在电脑上，安装完成后电脑桌面将会出现如图 4-5 所示的图标。

② 将数控机床的 RS-232 通信电缆连接到计算机 COM 口上，同时开启数控机床。

③ 在连接数控机床的电脑上双击图 4-5 所示的图标，运行 CIMCO EDIT V5 软件，软件运行后的界面如图 4-6 所示。

④ 单击"机床通讯"菜单，再单击"DNC 设置"命令，界面如图 4-7 所示。

⑤ 选择端口 COM1（以实际接的接口为准），设置波特率为"19200"，停止位设为"2"，数据位设为"7"，奇偶位设为"偶"，DNC 参数设置界面如图 4-8 所示，设置后的参数应与机床侧一致。

2. 备份数控机床的数据（CNC→PC）

CNC 系统执行数据发送前，在 CIMCO 界面选择"机床通讯"菜单的"接收文件"项，如图 4-9 所示。确定文件的保存路径和文件的名称，然后单击"保存"按钮，启动计算机侧并接收文件。

3. 数据传输软件在回装时的操作

CNC 系统侧开始接收数据后，计算机执行传输操作，在 CIMCO 界面选择"机床通讯"菜单下的"发送文件"选项，如图 4-10 所示，再选择要发送的数据文件进行数据发送。

图 4-6 CIMCO EDIT V5 运行界面

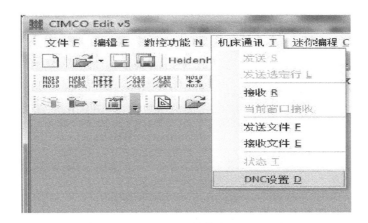

图 4-7 "DNC 设置"选项

图 4-8 DNC 参数设置界面

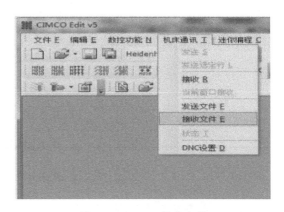

图 4-9 CIMCO 接收文件

图 4-10　CIMCO "发送文件" 选项

4.4　数控系统 RS-232 异步串行通信设定及数据传输的操作

1. 数控系统通信参数的设定

要想正确传送数控机床的数据，必须设定数控系统的通信参数，使之与计算机上传输软件的通信参数一致，见表 4-1。

表 4-1　数控系统通信参数的设定

设 定 项 目	对 应 参 数	参 数 设 定			
数据输出代码	0♯1(ISO)	0:EIA 代码输出 1:ISO 代码输出 一般设定为 1			
I/O 通道	20	0:I/O 印制电路板 JD5A(JD36 A) 1:I/O 印制电路板 JD5A(JD36 A) 2:I/O 印制电路板 JD5B(JD36B) 根据连接的系统 I/O 接口设定			
停止位参数	0 通道:101♯0(SB2) 1 通道:111♯0(SB2) 2 通道:121♯0(SB2)	0:停止位是 1 位 1:停止位是 2 位 一般设定为 1			
输入输出设备	0 通道:102 1 通道:112 2 通道:122	0:RS-232-C(使用代码 DC1～DC4) 1:FANUC 磁泡盒 B1/B2 2:FANUC cassette F1 3:FANUC Floppy cassette adapter 4:RS-232C(不使用控制代码 DC1～DC4) 5:提式纸带阅读机 6:FANUC PPR,FSP-G,FSP-H 一般设定为 0			
传输的波特率	0 通道:103 1 通道:113 2 通道:123	1：50 5：200 9：2400	2：100 6：300 10：4800	3：110 7：600 11：9600	4：150 8：1200 12：19200

2. 数控机床数据的备份操作

（1）系统参数的备份

① 将数控系统置于编辑方式。

② 按系统功能键 "SYSTEM"→[参数] 软键→[操作] 软键→扩展键→[传出] 软键→[全部]

软键（为了仅仅输出设定为非 0 的参数，按［非零值］软键)→［执行］软键，执行操作。

（2）系统螺距误差补偿参数备份

① 将数控系统置于编辑方式。

② 按系统功能键 "SYSTEM"→扩展键→［螺补］软键→［传出］软键→［执行］软键，执行操作。

（3）数控加工程序的备份

① 将数控系统置于编辑方式。

② 按系统程序键 "PROG"→［操作］软键→扩展键→输入程序号 O＃＃＃＃，如果输出全部程序，输入 "0-9999"→［传出］软键→［执行］软键，执行操作。

注意：传出程序前，应确保系统参数 3202＃4 为 0，否则 9000 号以后的程序不能传送。

（4）PMC 参数的备份

① 将数控系统置于编辑方式，按系统功能键 "SYSTEM"→［PMC］软键→扩展键→［I/O］软键，进入 PMC 输入/输出画面，如图 4-11 所示。

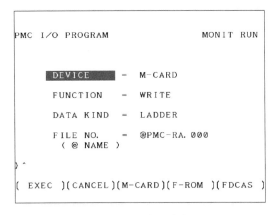

图 4-11　PMC 输入输出画面

② 在菜单中设置各项功能：设备 DEVICE＝OTHERS（接收方为计算机）；功能 FUNCTION＝WRITE（数据写出功能）；数据类型 DATA KIND＝PARAM（PMC 参数）。

③ 按［EXEC］软键，执行操作。

注意：PMC 传输的通信参数是在 PMC 菜单（SPEED）中进行设置的，如图 4-12 所示。

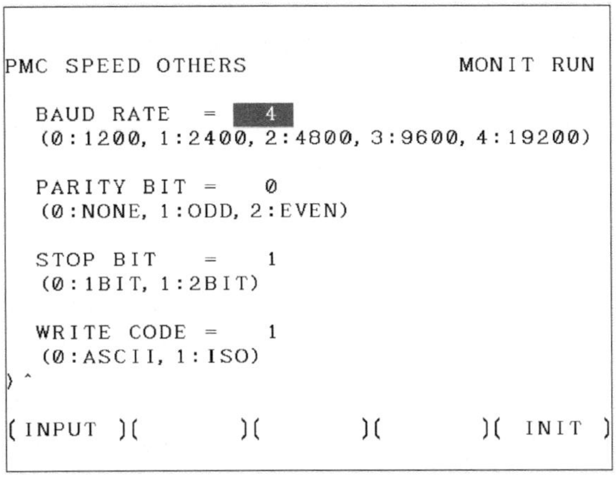

图 4-12　PMC 输入输出通信参数设置

（5）PMC 程序的备份

① 将数控系统置于编辑方式。

② 按系统功能键"SYSTEM"→[PMC] 软键→扩展键→[I/O] 软键，进入 PMC 输入/输出菜单。

③ 在菜单中设置各项功能：设备 DEVICE＝OTHERS（接收方为计算机）；功能 FUNCTION＝WRITE（数据写出功能）；数据类型 DATA KIND＝LADDER（PMC 程序）。

④ 按 [EXEC] 软键，执行操作。

3. 数控机床数据的回装操作

（1）系统参数的回装

① 选择 MDI 工作方式，按"OFS/SET"功能键→[设定] 软键，进入系统设定画面，将系统写保护参数 PWE 设为 1。

② 选择编辑工作方式。

③ 按系统功能键"SYSTEM"→[参数] 软键→[操作] 软键→扩展键→[读入] 软键→[执行] 软键，执行操作。

④ 选择 MDI 工作方式，把系统写保护参数"参数写入"设为 0。

（2）系统螺距误差补偿参数回装

① 选择 MDI 工作方式，按"OFS/SET"功能键→[设定] 软键，进入系统设定画面，将系统写保护参数"参数写入"设为 1。

② 选择编辑工作方式。

③ 按系统功能键"SYSTEM"→扩展键→[螺补] 软键→[读入] 软键→[执行] 软键，执行操作。

④ 选择 MDI 工作方式，把系统写保护参数 PWE 设为 0。

（3）数控加工程序的回装

① 将数控系统置于编辑方式。

② 按系统程序键"PROG"→[操作] 软键→扩展键→输入程序号 O＃＃＃＃→[读入] 软键→[执行] 软键，执行操作。

（4）PMC 参数的回装

① 选择 MDI 工作方式，按"OFS/SET"功能键→[设定] 软键，进入系统设定画面，将系统写保护参数"参数写入"设为 1。

② 将数控系统置于编辑方式。

③ 按系统功能键"SYSTEM"→[PMC] 软键→扩展键→[I/O] 软键，进入 PMC 输入输出画面。

④ 在菜单中设置各项功能：设备 DEVICE＝OTHERS（发送方为计算机）；功能 FUNCTION＝READ（数据读入功能）；数据类型 DATA KIND＝PARAM（PMC 参数）。

⑤ 按 [EXEC] 软键，执行操作。

（5）PMC 程序的回装

① 按系统功能键"SYSTEM"→[PMC] 软键→扩展键→[I/O] 软键，进入 PMC 输入/输出画面。

② 在菜单中设置各项功能：设备 DEVICE＝OTHERS（发送方为计算机）；功能 FUNCTION＝READ（数据读入功能）；数据类型 DATA KIND＝LADDER（PMC 程序）。

③ 按 [EXEC] 软键，执行操作。

④ 将 PMC 程序写入到 FROM（闪存）中。PMC 程序回装数据首先是存储在系统的工

作区 RAM 中，而不是 FROM 中，所以需要设定系统 PMC 的参数，并进行存储操作才能将 PMC 程序存储到 FROM 中，否则系统开机后不是回装的 PMC 程序。

系统 A 包配置（系统 PMC 类型为 SB7）的 PMC 参数为 K902.0，系统 B 包配置（系统 PMC 类型为 SA1）的 PMC 参数为 K19.0，将该参数设定为 1 即可进行 PMC 程序的保存操作。这里以 FANUC-0i Mate C 系统为例，说明将 PMC 程序写入到 FROM 的步骤：依次按系统功能键 "SYSTEM"→[PMC] 软键→扩展键→[EDIT] 软键→[LADDER]，按左边的返回软键，出现 "WRITE DATA TO FROM?" 按下[EXEC] 软键，执行操作。

4.5　任务决策和实施

4.5.1　机床数据备份

1. 机床系统参数的备份

① 将通信电缆连接到计算机 COM 口和数控机床串口，再开启计算机和数控机床。

注意：不要带电插拔串口通信接口，以免烧坏串口。

② 将数控系统置于 MDI 方式，按 "OFS/SET" 功能键→[设定] 软键，进入系统设定画面，将系统写保护参数 PWE 设为 1。然后根据表 4-1 完成传输通道、停止位、波特率等设定。

③ 在计算机侧，单击 "开始" 菜单→"程序"→"附件"→"通讯"→"超级终端"，按照 4.2.3 节所述方法建立一个连接如 "NCC"（注意停止位、奇偶校验、波特率等通信参数设定与数控系统侧一致）。

④ 在 "传送" 菜单项，按 "捕获文字"，弹出 "捕获文字" 窗口，指定系统参数要保存的地址和文件名称，然后点击 "启动"。

⑤ 将数控系统置于编辑方式，按系统功能键 "SYSTEM"→[参数] 软键→[操作] 软键→扩展键→[传出] 软键→[全部] 软键（为了仅仅输出设定为非 0 的参数，按 [非零值] 软键）→[执行] 软键，执行操作。

⑥ 计算机超级终端会动态显示传送情况，直到传送完毕。备份到计算机的文件可以在 Word、记事本中进行查看和编辑。

2. PMC 参数的备份

① 在计算机上启动超级终端，新建一个连接，设定停止位、奇偶校验、波特率等通信参数。

② 在超级终端界面选择 "传送" 菜单的 "捕获文字" 项，出现 "捕获文字" 对话框，单击 "浏览" 按钮，确定文件的保存路径，然后单击 "启动" 按钮，启动计算机侧文件的接收工作。

③ 将数控系统置于编辑方式，按 "SYSTEM" 键→[PMC] 软键→扩展键→[I/O] 软键，进入 PMC 输入/输出画面。

④ 在菜单中设置各项功能：设备 DEVICE＝OTHERS（接收方为计算机）；功能 FUNCTION＝WRITE（数据写出功能）；数据类型 DATA KIND＝PARAM（PMC 参数）。

⑤ 设置完毕后，按下扩展键，找到 [SPEED] 软键，按下此键进行数控系统的通信参数设定（注意波特率、停止位等设定要与计算机侧一致，奇偶校验通常可设成不校验）。

⑥ 返回到 PMC 输入/输出画面，按 [EXEC] 软键，执行操作。

⑦ 计算机超级终端会动态显示传送情况，直到传送完毕。

3. 螺补数据的备份

① 在计算机上启动超级终端，新建一个连接，设定停止位、奇偶校验、波特率等通信

参数。

② 在超级终端界面选择"传送"菜单的"捕获文字"项，出现"捕获文字"对话框，单击"浏览"按钮，确定文件的保存路径，然后单击"启动"按钮，启动计算机侧文件的接收工作。

③ 将数控系统置于 MDI 方式，按"OFS/SET"功能键→[设定] 软键，进入系统设定画面，将系统写保护参数"参数写入"设为1。然后根据表 4-1 完成传输通道、停止位、波特率等设定，注意波特率、停止位等设定要与计算机侧一致。

④ 将数控系统置于编辑方式，按系统功能键"SYSTEM"→扩展键→[螺补] 软键→[操作] 软键→扩展键→[传出] 软键→[执行] 软键，执行操作。

⑤ 计算机超级终端会动态显示传送情况，直到传送完毕。

4. PMC 程序的备份

① 在计算机上启动超级终端，新建一个连接，设定停止位、奇偶校验、波特率等通信参数。

② 在超级终端界面选择"传送"菜单的"捕获文字"项，出现"捕获文字"对话框，单击"浏览"按钮，确定文件的保存路径，然后单击"启动"按钮，启动计算机侧文件的接收工作。

③ 将数控系统置于编辑方式，按系统功能键"SYSTEM"→[PMC] 软键→扩展键→[I/O] 软键，进入 PMC 输入/输出菜单。

④ 在菜单中设置各项功能：设备 DEVICE = OTHERS（接收方为计算机）；功能 FUNCTION = WRITE（数据写出功能）；数据类型 DATA KIND = LADDER（PMC 程序）。

⑤ 设置完毕后，按下扩展键，找到 [SPEED] 软键，按下此键进行数控系统的通信参数设定（注意波特率、停止位等设定要与计算机侧一致，奇偶校验通常可设成不校验）。

⑥ 返回到 PMC 输入/输出画面，按 [EXEC] 软键，执行操作。在超级终端会动态显示传送情况，直到传送完毕。

5. 数控加工程序的备份

① 在计算机上启动超级终端，新建一个连接，设定停止位、奇偶校验、波特率等通信参数。

② 在超级终端界面选择"传送"菜单的"捕获文字"项，出现"捕获文字"对话框，单击"浏览"按钮，确定文件的保存路径，然后单击"启动"按钮，启动计算机侧文件的接收工作。

③ 将数控系统置于编辑方式。

④ 按系统程序键"PROG"→[操作] 软键→扩展键→输入程序号 O＃＃＃＃，如果输出全部程序，输入"0-9999"→[传出] 软键→[执行] 软键，执行操作。

注意：传出程序前，应确保系统参数 3202＃4 为 0，否则 9000 号以后的程序不能传送。

4.5.2 机床 SRAM 中各数据的清除

对 SRAM 中数据进行全清的操作方法是同时按住 MDI 面板上的 RESET 和 DELETE 键，再接通电源。系统启动后由于 SRAM 中的系统参数、PMC 参数等已被清除，系统屏幕上会显示各种报警，如图 4-13 所示。

4.5.3 机床 SRAM 中各数据的回装

1. 机床系统参数的回装

① 选择 MDI 工作方式，按"OFS/SET"功能键→[设定] 软键，进入系统设定画面，

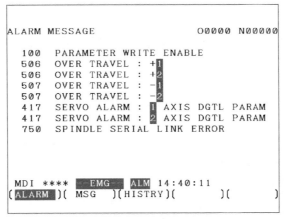

图 4-13　参数全清后的系统报警画面

将系统写保护参数"参数写入"设为 1。按表 4-1 设定相关通信参数。

② 将数控系统置于编辑工作方式。

③ 按系统功能键"SYSTEM"→［参数］软键→［操作］软键→扩展键→［读入］软键→［执行］软键，系统屏幕右下角有"LSK"字样闪烁。

④ 在计算机上启动超级终端，注意停止位、奇偶校验、波特率等通信参数设定与机床侧一致。在超级终端界面选择"传送"菜单的"发送文本文件"项，打开要发送的数据文件。

⑤ 在超级终端会动态显示传送情况，而数控系统屏幕右下角的"LSK"字样则变成"输入"，直到传送完毕。

2. 螺补数据的回装

① 选择 MDI 工作方式，按"OFS/SET"功能键→［设定］软键，进入系统设定画面，将系统写保护参数"参数写入"设为 1。按表 4-1 设定相关通信参数。

② 将数控系统置于编辑工作方式。

③ 按系统功能键"SYSTEM"→扩展键→［间距］软键→［读入］软键→［执行］软键，系统屏幕右下角有"LSK"字样闪烁。

④ 在计算机上启动超级终端，注意停止位、奇偶校验、波特率等通信参数设定与机床侧一致。在超级终端界面选择"传送"菜单的"发送文本文件"项，打开要发送的螺补备份文件。

⑤ 在超级终端会动态显示传送情况，而数控系统屏幕右下角的"LSK"字样则变成"输入"，直到传送完毕。

⑥ 选择 MDI 工作方式，把系统写保护参数"参数写入"设为 0。

3. 数控加工程序的回装

① 将数控系统置于编辑工作方式。

② 按系统程序键"PROG"→［操作］软键→扩展键→输入程序号 O♯♯♯♯→［读入］软键→［执行］软键，系统屏幕右下角有"LSK"字样闪烁。

③ 在计算机上启动超级终端，注意停止位、奇偶校验、波特率等通信参数设定与机床侧一致。在超级终端界面选择"传送"菜单的"发送文本文件"项，打开要发送的数控加工程序备份文件。

④ 在超级终端会动态显示传送情况，而数控系统屏幕右下角的"LSK"字样则变成

"输入"，直到传送完毕。

4. PMC 参数的回装

① 将数控系统置于 MDI 工作方式，按"OFS/SET"功能键→[设定] 软键，进入系统设定画面，将系统写保护参数 PWE 设为 1。

② 按系统功能键"SYSTEM"→[PMC] 软键→扩展键→[I/O] 软键，进入 PMC 输入输出画面。

在菜单中设置各项功能：设备 DEVICE＝OTHERS（接收方为计算机）；功能 FUNCTION＝READ（数据读入功能）；数据类型 DATA KIND＝PARAM（PMC 参数）。

③ 按 [EXEC] 软键，执行操作。

④ 在计算机上启动超级终端，设定停止位、奇偶校验、波特率等通信参数，确保与数控系统侧一致。选择"传送"菜单的"发送文本文件"项，打开要发送的 PMC 参数备份文件。超级终端会动态显示传送情况，直到传送完毕。

4.6 检查和评估

检查和评分表如表 4-2 所示。

表 4-2 项目检查和评分表

序号	检查项目	要　求	评分标准	配分	扣分	得分
1	数据备份	1. 正确设置通信参数 2. 正确完成系统参数、螺补参数、PMC 参数和数控加工程序的备份操作	未完成备份，缺一个数据项目扣 10 分，直至扣完该部分配分	40		
2	数据全清	能够正确进行全清 SRAM 中数据的操作	数据未全清，该项配分全扣	10		
3	数据回装	能够正确进行系统参数、螺补参数、PMC 参数和数控加工程序的回装	未完成回装，每缺一个数据文件扣 10 分，直至扣完该部分配分	40		
4	其他	1. 操作要规范 2. 在规定时间完成（40 分钟）	1. 操作不规范每处扣 5 分，直至扣完该部分配分 2. 超过规定时间扣 5 分，最长工时不得超过 50 分钟	10		
			合　计	100		
备注			考评员 签字			
				年　　月　　日		

4.7 知识拓展——数控机床与计算机 RS-232-C 通信电缆的连接

FANUC 系统 RS-232 通信连接如图 4-14 所示。数控机床上的转换接口与计算机的连接如图 4-15 所示。

图 4-15 中，25 芯电缆接口为机床上的 RS-232 转换接口，9 芯接口为计算机的 COM1 或 COM2 串口。数控系统上 JD36A 或 JD36B 接口与转换接口则进行相同信号连接，如 JD36A 的第 1 针（RD）对接 25 芯转换接口的第 3 针（RD），JD36A 的第 11 针（SD）对接 25 芯转换接口的第 2 针（SD），转换接口的第 7 针（SG）与对应 JD36A 或 JD36B 接口上的"0V"管针相连，即第 4、6、8、12、16 之中的任一管针。

各信号说明如下。

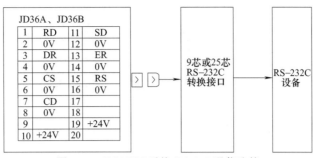

图 4-14　FANUC 系统 RS-232 通信连接

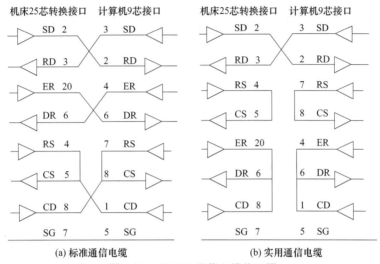

图 4-15　RS-232 通信电缆接口图

发送数据信号 SD 为 CNC 的输出信号。当 CNC 通信条件满足时，CNC 系统向外部数据设备传输数据。

接收数据信号 RD 为 CNC 的输入信号。当 CNC 和外部设备通信条件满足时，外部数据设备向 CNC 系统传输数据。

发送请求信号 RS 为 CNC 的输出信号。当 CNC 开始传送数据时该信号为 ON，结束传送数据时该信号被设置为 OFF。

允许发送使能信号 CS 为 CNC 的输入信号。当该信号和 DR 信号同时被设置为 ON 时，CNC 可以传送数据。如果外部设备因为穿孔等操作而被延时，在送出两个字符（包括当前正在传送的数据）后关掉该信号，从而终止 CNC 数据的传送。当不使用 CS 信号时，要短接 CS 和 RS。

外部数据设备就绪信号 DR 为 CNC 的输入信号。当 CNC 接收到外部数据设备就绪信号后，CNC 开始传送数据，如果在传送过程中该信号中断，CNC 就会停止传送数据并发出系统报警。当不使用 DR 信号时，要短接 DR 和 ER。

检查数据信号 CD 为 CNC 的输入信号。不使用该信号时，需要将 CD 和 ER 短接。

信号屏蔽线 SG 为 CNC 信号接地。

课 后 练 习

1. 填写完成表 4-3。

表 4-3 数据保存位置

数据种类	保存处	数据种类	保存处
CNC 参数		刀具补偿值	
PMC 参数		用户宏变量	SRAM
PMC 梯形图		CNC 软件功能包	FROM
螺距补偿值		数字伺服软件	FROM
加工程序			

2. 使用 RS-232 串行通信需要设定哪些参数?

3. 某数控铣床(系统为 FANUC-0i MC)通过 RS-232 实现程序传输,传输中有时出现 87 号系统报警,分析故障产生的可能原因。

任务 5 使用 CF 存储卡进行机床数据的备份与恢复

【任务描述】

使用 CF 存储卡完成数控机床系统参数、PMC 参数、螺补数据、PMC 程序、数控加工程序等数据的备份,然后将机床上的这些文件数据全部清除,最后将备份的数据回装到机床。

【相关知识】

现代的数控系统都可以采用 CF 存储卡进行数据的传输,与 RS-232 数据传输相比操作更简单,更安全。CF 存储卡和其在数控系统上的插槽(通常位于显示器左侧)见图 5-1 所示。

(a) CF 卡   (b) 插槽

图 5-1 CF 卡和插槽

存储卡数据传输通常采用系列传输和分区传输两种方式。

5.1 使用 CF 存储卡进行数控机床数据的系列传输

数控系统的启动和计算机的启动类似,会有一个引导过程。机床数据的系列传输是指在系统开机的引导画面 BOOT 系统进行的数据传输。

5.1.1 存储卡系列传输的功能和特点

① 将系统 SRAM 存储的全部数据备份到存储卡或将存储卡的数据回装到系统 SRAM 中。

② 将系统 FROM 存储的用户数据(梯形图、宏执行程序等)和系统文件备份到存储卡或将存储卡的数据回装到系统 SRAM 中。

③ 存储卡系列备份数据的格式为机器码且为压缩包形式,不能在计算机上打开进行查阅和编辑。

④ 由于 BOOT 系统在 CNC 启动之前就先启动了,所以即使 CNC 系统发生些异常时

（如系统死机），也可用此方法进行数据备份或回装。但要注意，当 CPU 和存储器的外围电路发生异常时，会出现不能输入输出数据的情况。

5.1.2　存储卡系列数据传输的操作

1. 开机进入系统的引导画面菜单

系统开机的同时按下系统操作软件的最右边两个键（图 5-2），直到系统出现引导画面的主菜单。如果系统是触摸屏的，则在系统通电时同时按下 MDI 键盘的字母 6 和 7。

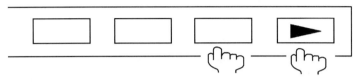

图 5-2　屏幕下方的软键

系统引导文件主菜单如图 5-3 所示，其功能选项如下。

第 1 项 SYSTEM DATA LOADING：把存储卡的系统文件和用户文件（机床 PMC 程序和用户宏管理文件）装载到系统 FROM。

第 2 项 SYSTEM DATA CHECK：显示系统 FROM 中文件的系列号。

第 3 项 SYSTEM DATA DELETE：删除系统 FROM 中存储的文件。

第 4 项 SYSTEM DATA SAVE：对系统 FROM 中的数据进行复制，即将系统 FROM 的数据存储到存储卡。内容主要是机床厂家的 PMC 程序，FANUC 系统文件通常不允许复制。

第 5 项 SRAM DATA BACKUP：对系统静态存储器 SRAM 的数据进行备份和恢复，即将 SRAM 的数据存储到存储卡，或将存储卡的数据回装到 SRAM。

第 6 项 MEMORY CARD FILE DELETE：查阅存储卡中的文件名称，并可删除存储卡的文件。

第 7 项 MEMORY CARD FORMAT：对存储卡进行格式化。

第 10 项 END：退出系统引导菜单并启动系统。

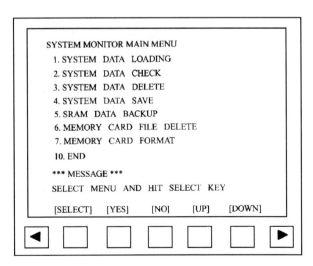

图 5-3　系统引导文件主菜单

系统操作软键的功能如下。

SELECT：选择光标位置。

YES：执行所选择的功能。

NO：不执行所选择的功能（退出）。

UP：光标上移。

DOWN：光标下移。

注意：一旦进入引导画面，数控系统处于高级中断状态，PMC 及驱动等停止工作，所以 MDI 键盘无法操作，只能进行显示器下面的软键操作。

2. SRAM 中数据的备份和回装操作

（1）SRAM 中数据的系列备份操作

① 进入系统引导画面的主菜单，选择功能项 5 并按下系统［SELECT］操作软键。

② 进入 SRAM 数据备份主菜单，选择功能第 1 项 SRAM BACKUP（CNC→MEMO-RY CARD），按下系统［SELECT］操作软键，显示系统 SRAM 的容量（如 1.0MB）和系统默认的文件名，如图 5-4 所示。

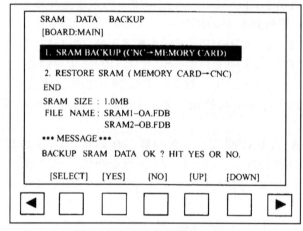

图 5-4 SRAM 数据备份主菜单

③ 按下［YES］操作软键，系统将 SRAM 中的数据文件存储到存储卡。

④ 当系统显示 SRAM 数据备份完成后，按下系统［SELECT］操作软键。

⑤ 通过［DOWN］操作软键，将光标移到 END 功能项，并按下系统［SELECT］操作软键，返回系统引导画面的主菜单。

⑥ 通过［DOWN］操作软键，将光标移到 END 功能项，并按下系统［SELECT］操作软键，退出系统引导画面并启动系统，完成系统存储卡系列备份。

（2）SRAM 中数据的系列回装操作

① 进入系统引导画面的主菜单，选择功能项 5 并按下系统［SELECT］操作软键。

② 进入 SRAM 数据备份主菜单，选择功能第 2 项 RESTORE SRAM（MEMORY CARD→CNC），按下系统［SELECT］操作软键，显示系统 SRAM 的容量（如 1.0MB）和存储卡的文件名。

③ 按下［YES］操作软键，系统将存储卡数据文件回装到 SRAM 中。

④ 当系统显示 SRAM 数据回装完成后，按下［SELECT］操作软键。

⑤ 通过［DOWN］操作软键，将光标移到 END 功能项，并按下系统［SELECT］操作软键，返回系统引导画面的主菜单。

⑥ 通过［DOWN］操作软键，将光标移到 END 功能项，并按下系统［SELECT］操作

软键，退出系统引导画面并启动系统，完成系统存储卡数据的回装操作。

（3）系统 SRAM 数据系列备份和回装操作中注意事项

① 进行 SRAM DATA BACKUP 操作时，一张 CF 卡一次只能保存一台机床的数据文件，因为不同机床的 SRAM 备份文件名是相同的，所以当用一张 CF 卡同时进行两台机床 SRAM 数据备份时，CF 卡中的备份数据将被覆盖。

② SRAM 备份数据文件名不可修改，如果修改了 SRAM 备份数据文件名，在进行数据回装操作时，系统将无法找到文件（只认系统默认名称 SRAM1_0A. FDB、SRAM1_0B. FDB 等）。

3. FROM 中数据的备份和回装操作

FROM 中数据的备份和回装操作主要针对机床厂家的 PMC 程序等，FANUC 系统文件通常有保护，不允许复制。进行 PMC 程序备份时，选择系统引导画面主菜单的功能项 4 SYSTEM DATA SAVE，选择该项目下的"PMC-RA"或"PMC-SB"进行文件的备份即可。

进行 PMC 程序的回装时，选择系统引导画面主菜单的功能项 1 SYSTEM DATA LOADING，选择存储文件进行回装即可。

FROM 中数据备份和回装操作中注意事项如下。

① "SYSTEM DATA SAVE"或"SYSTEM DATA LOADING"一个画面上只能显示 8 个文件，当要显示的文件为 9 个或 9 个以上时，留下的文件在下页显示。按扩展软件显示下一页。

② 从系统 FROM 备份到存储卡上的文件名构成见表 5-1。

表 5-1　CF 卡备份文件名

系统 FROM 上的文件名	备份到存储卡上的文件名	系统 FROM 上的文件名	备份到存储卡上的文件名
PMC-SB	PMC-SB. ×××	PMC1. 5M	PCD-15M. ×××
PMC0. 5M	PCD-0.5M. ×××	CEX1. 0M	CEX10M. ×××
PMC1. 0M	PCD-10M. ×××	CEX2. 0M	CEX20M. ×××

"×××"是扩展名，这里用"000"～"031" 32 个号码。例如把系统 FROM 上文件"PMC-SB"保存到存储卡上时，若存储卡上"PMC-SB *"的文件一个也不存在，则用"PMC-SB. 000"名字保存；若"PMC-SB. 000"已存在，则扩展名数字加 1 以"PMC-SB. 001"名字保存。以此类推，直到"PMC-SB. 031"为止。

5.2　使用 CF 存储卡进行机床数据的分区传输

通过 BOOT 方法备份数据，备份的是系统数据整体，下次恢复和调试其他相同机床时，可迅速完成，但是数据为打包形式，是 FANUC 的专用文件格式，一般用户无法在计算机中看到文件的内容。

有时用户需要将 CNC 中的程序或参数分别备份，通过 CF 卡传输到个人计算机上直接查看和编辑。这时可用系统的数据分区传输功能，逐个输出 CNC 参数、螺距误差补偿量、加工程序、PMC 参数、PMC 程序等。

使用 CF 存储卡进行数控机床数据的分区传输需要将系统 I/O 通道设为 4。通道可通过系统参数 20 进行设定。

5.2.1　系统 PMC 程序和 PMC 参数的分区备份和回装操作

在系统编辑方式下，依次按系统功能键"SYSTEM"→[PMC] 软键→扩展键→[I/O]

软键，进入 PMC 输入输出画面，如图 5-5 所示。

```
PMC  I/O  PROGRAM                    MONIT RUN


        DEVICE        =  M-CARD

        FUNCTION      =  WRITE

        DATA KIND     =  LADDER

        FILE NO.      =  @PMC-RA.000
         ( @ NAME )

    ) ^

    ( EXEC )( CANCEL )( M-CARD )( F-ROM )( FDCAS )
```
图 5-5 SRAM 数据备份主菜单

DEVICE（设备）：选择 M-CARD（存储卡）。

FUNCTION（功能）：备份操作时选择 WRITE（CNC 到 M-CARD），回装时选择 READ（M-CARD 到 CNC）。

DATA KIND（数据类型）：对 PMC 程序进行操作时选择 LADDER，对 PMC 参数进行操作时选择 PARAM。

FILE NO.（文件名）：PMC 程序文件名为 "@PMC-SB.000"（系统默认名称），PMC 参数文件名为 "@PMC-SB.PRM"（系统默认名称），也可自定义名称 "@××"（××为自定义名称，当用小键盘没有@符号时，可用♯代替）。

① PMC 程序备份操作：在 SRAM 数据备份主菜单选择相应的功能项，如图 5-5 所示，然后按［EXEC］执行软键。

② PMC 参数备份操作：如图 5-6 所示，选择相应的功能项，然后按［EXEC］执行软键。

```
PMC  I/O  PROGRAM                    MONIT STOP


        DEVICE        =  M-CARD

        FUNCTION      =  WRITE

        DATA KIND     =  PARAM

        FILE NO.      =  @PMC-RA.PRM
         ( @ NAME )

    ) ^

    ( EXEC )( CANCEL )(      )(      )(      )
```
图 5-6 PMC 参数备份

③ PMC 程序回装操作：选择相应的功能项，输入 PMC 程序的文件名，如图 5-7 所示，然后按［EXEC］执行软键。

④ PMC 参数回装操作：如图 5-8 所示，选择相应的功能项，输入 PMC 参数的文件名，然后按［EXEC］执行软键。

PMC 程序和 PMC 参数分区数据传输操作注意事项。

① PMC 程序回装数据首先是存储在系统的工作区 RAM 中，而不是 FROM 中，所以需

```
PMC  I/O  PROGRAM                          MONIT  STOP


         DEVICE      =   M-CARD

         FUNCTION    =   READ

         DATA KIND   =

         FILE NO.    =   #PMC-RA. 000
         ( @ NAME )

)^

(  EXEC  )(CANCEL )(          )(          )(          )
```

图 5-7 PMC 程序回装

```
PMC  I/O  PROGRAM                          MONIT  STOP


         DEVICE      =   M-CARD

         FUNCTION    =   READ

         DATA KIND   =

         FILE NO.    =   #PMC-RA. PRM
         ( @ NAME )

)^

(  EXEC  )(CANCEL )(          )(          )(          )
```

图 5-8 PMC 参数回装

要将 PMC 程序存储到 FROM 中，否则系统开机后不是分区回装的 PMC 程序。PMC 程序写入 FROM 的操作步骤见前面章节介绍。

② PMC 参数回装时需要将系统写保护参数"参数写入"设定为 1。

5.2.2 系统 CNC 参数、螺距误差补偿参数及加工程序的分区备份和回装

1. 系统 CNC 参数的备份和回装

（1）系统 CNC 参数的备份

① 将系统置于编辑状态。

② 按系统功能键"SYSTEM"→[参数] 软键→[操作] 软键→扩展键→[传出] 软键→[ALL] 软键（为了仅仅输出设定为非 0 的参数，按 [非零值] 软键）→[执行] 软键，执行操作。

（2）系统 CNC 参数的回装

① 将系统置于编辑状态。

② 将系统写保护参数"参数写入"设定为 1。

③ 按系统功能键"SYSTEM"→[参数] 软键→[操作] 软键→扩展键→[读入] 软键→[执行] 软键，执行操作。

2. 系统螺距误差补偿参数的备份和回装

（1）螺距误差补偿参数的备份

① 将系统置于编辑状态。

② 按系统功能键"SYSTEM"→扩展键→[螺补]软键→[传出]软键→[执行]软键，执行操作。

（2）螺距误差补偿参数的回装

① 将系统置于编辑状态。

② 将系统写保护参数 PWE 设定为 1。

③ 按系统功能键"SYSTEM"→扩展键→[螺补]软键→[读入]软键→[执行]软键，执行操作。

3. 加工程序的备份和回装

（1）加工程序的备份

① 将系统置于编辑状态。

② 按系统程序键"PROG"→[操作]软键→扩展键→输入程序号 O＃＃＃＃，如果输出全部程序，输入"0-9999"→[传出]软键→[执行]软键，执行操作。

注意：传出程序前，应确保系统参数 3202＃4 为 0，否则 9000 号以后的程序不能传送。

（2）加工程序的回装

① 将系统置于编辑状态。

② 按系统程序键"PROG"→[操作]软键→扩展键→输入程序号 O＃＃＃＃→[读入]软键→[执行]软键，执行操作。

5.3　任务决策和实施

可参照前面所述方法和步骤完成数控机床系统参数、PMC 参数、螺距误差补偿数据、PMC 程序、数控加工程序等数据的备份、清除和回装。

5.4　检查和评估

检查和评分表如表 5-2 所示。

表 5-2　项目检查和评分表

序号	检查项目	要　　求	评分标准	配分	扣分	得分
1	数据备份	1. 正确设置通信参数 2. 正确完成系统参数、螺补参数、PMC 参数和数控加工程序的备份操作	未完成备份，缺一个数据项扣 10 分，直至扣完该部分配分	40		
2	数据全清	能够正确进行全清 SRAM 中数据的操作	数据未全清,该项配分全扣	10		
3	数据回装	能够正确进行系统参数、螺补参数、PMC 参数和数控加工程序的回装	未完成回装，每缺一个数据文件扣 10 分，直至扣完该部分配分	40		
4	其他	1. 操作要规范 2. 在规定时间完成(30分钟)	1. 操作不规范每处扣 5 分，直至扣完该部分配分 2. 超过规定时间扣 5 分，最长工时不得超过 40 分钟	10		
			合　计	100		
备注			考评员 签字		年　月　日	

5.5 知识拓展——存储卡在线加工

存储卡在线加工是以存储卡为存储介质，通过系统单独的通道（4 通道），从存储卡直接读取加工程序进行在线加工。此方式不占系统内存，而且具有程序传输速率高、加工精度高及可靠性高的优点，所以普遍应用在模具加工领域。

1. 存储卡在线加工操作

① 将参数 20 设定为 4，然后将系统参数 138#7 设定为 1（存储卡在线加工有效）。

② 将系统置于编辑方式下，按下 MDI 面板上 [PROGRAM] 键，然后按软键的扩展键直到出现 [DNC-CD] 画面，选择 [DNC-CD]，出现图 5-9 画面（画面中内容为存储卡中内容）。

```
DNC OPERATION(M-CARD)          O0999 N00000
   NO.    FILE NAME        SIZE      DATE
  0001  PMC-RA.000       131488  04-04-14
  0002  PMC-RA.PRM          4179  04-04-03
  0003  HDCPY009.BMP       38462  04-04-14
  0004  O0001                 54  04-04-12
  0005  1                 131488  04-04-13
  0006  CNCPARAM.DAT       77842  04-04-14
  0007  HDCPY007.BMP       38462  04-04-14
  0008  HDCPY008.BMP       38462  04-04-14
  0009  SM                131200  04-04-04

   DNC FILE NAME : SM
) 4^                                 S    0 T0000
 RMT **** *** ***         16:18:42
[F SRH ]( )( )( )(DNC-ST )
```

图 5-9 读取存储卡的文件

③ 选择想要执行的 DNC 文件。例如想选择 0004 号文件的 O0040 程序进行操作，则输入 4，按下右下角 [DNC-ST]，此时 DNC 文件名变为 O0001，如图 5-10 所示，即已选择了相关的 DNC 文件。

```
DNC OPERATION(M-CARD)          O0999 N00000
   NO.    FILE NAME        SIZE      DATE
  0004  O0001                 54  04-04-12
  0005  1                 131488  04-04-13
  0006  CNCPARAM.DAT       77842  04-04-14
  0007  HDCPY007.BMP       38462  04-04-14
  0008  HDCPY008.BMP       38462  04-04-14
  0009  HDCPY010.BMP       38462  04-04-14
  0010  SM                131200  04-04-04


   DNC FILE NAME : O0001
) ^                                  S    0 T0000
 RMT **** *** ***         16:18:57
[F SRH ]( )( )( )(DNC-ST )
```

图 5-10 选择自动加工的文件

④ 将系统置于 RMT（DNC）方式，按机床循环启动按钮，机床开始执行存储卡中所选的加工程序。

2. 存储卡在线加工过程中常见故障及实际处理方法

（1）系统存储卡操作无效或报警

需要进行存储卡格式化操作，卡的格式为".FAT"。如果格式化还是无效，就更换存储卡。

（2）系统没有显示存储卡在线加工画面

检查系统参数设定是否正确，系统通道设定为4，系统参数138♯7设定为1。

（3）系统不执行在线加工或出现报警

故障原因为系统存储卡接口电路故障或系统主板不良。

课 后 练 习

1. 想要查看CF卡中的数据情况，有哪几种方法？

2. 存储卡的系列数据传输和分区数据传输有何不同？

项目三 数控机床 PMC 控制及应用

任务 6 在数控系统中完成 PMC 程序的输入和编辑

【任务描述】

在实训平台的 PMC 程序中插入如图 6-1 所示一段程序，并检查该程序中的输出信号是否有与实训台上原有 PMC 程序中的输出信号相重复，如果有，则将该程序段中的重复信号地址进行修改。完成程序的编辑后，进行 PMC 程序的保存操作。

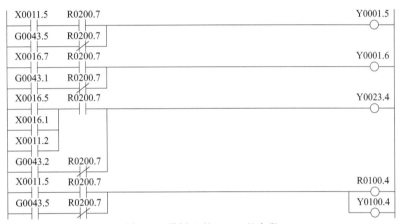

图 6-1 需插入的 PMC 程序段

【相关知识】

6.1 FANUC PMC 性能及规格

FANUC PMC（Programmable Machine Controller）工作原理与其他工业自动化设备的 PLC（Programmable Logical Controller）工作原理基本相同，只是 FANUC 公司根据数控机床特点开发了专用的功能指令以及相匹配的硬件结构。目前 FANUC 数控产品将 PMC 内置，也就是说不需要独立的 PLC 设备。内置型 PMC 的性能指标（如最大输入/输出点数、程序最大步数、每步执行时间、程序扫描时间、功能指令数目等）是由所属的 CNC 系统的规格、性能、使用机床的类型等确定的。其硬件和软件都作为 CNC 系统的基本组成，与 CNC 系统统一设计制造，因此系统结构十分紧凑。

FANUC-0i 系统中，PMC 常用的规格有 PMC- SA1、PMC- SA3、PMC- SB7 等几种。FANUC-0iA 系统的 PMC 可采用 SA1 或 SA3 两种类型，FANUC-0iB/0iC 系统的 PMC 可采用 SA1 或 SB7 两种类型，即系统功能 A 包配置为 SB7，B 包配置为 SA1。

FANUC-0i 系统的 PMC 与 FANUC-0C/0D 系统的 PMC 相比，其优点如下。

① 系统的 PMC 顺序程序作为系统的用户文件存储在系统的 FROM 中，顺序程序的备份、修改及恢复都非常方便。

② PMC 信号传递采用 FANUC 系统的 I/O Link BUS 总线（FSSB）控制，不仅增加了输入/输出点数（标准配置为 1024 点输入/1024 点输出），而且大大提高了系统的传输速度

和运行的可靠性。

③ PMC 具有丰富的功能指令（PMC-SB7 有 69 条功能指令），可完成数控机床的复杂控制。PMC 增加了信息继电器（PMC-SA3 为 200 个，PMC-SB7 为 2000 个），便于机床厂家编写机床报警信息，也便于用户维修。

④ PMC 具有信号跟踪功能，该功能可检查信号变化的履历（记录了信号状态的变化），便于用户对故障原因分析和处理。

⑤ 系统具有内装 PMC 编辑功能（FANUC-0iA 系统需要梯形图编辑卡），便于系统梯形图的修改。

⑥ FANUC-0iB/0iC 系统的 PMC 还增加了"PMC 的强制功能"，通过 PMC 的强制功能（PMC 信号的置"1"或"0"），可很方便地判断数控机床故障的具体部位。

FANUC-0i 系统 PMC 的性能和规格如表 6-1 所示。

表 6-1　FANUC-0i 系统 PMC 的性能和规格

PMC 类型	FANUC-0iA 系统	FANUC-0iB/0iC 系统	
	SA3	SA1（B 包配置）	SB7（A 包配置）
编程语言	梯形图	梯形图	梯形图
程序级数	2	2	3
第一级程序扫描周期	8ms	8ms	8ms
基本指令平均处理时间	$0.15\mu s$/步	$5\mu s$/步	$0.033\mu s$/步
程序容量 -梯形图 -符号和注释 -信息显示	最大约 12000 步 1~128KB 8~64KB	最大约 12000 步 1~128KB 8~64KB	最大约 64000 步 1KB~存储容量 8KB~存储容量
基本指令数 功能指令数	14 66	12 68	14 69
内部继电器(R) 外部继电器(E) 信息显示请求位(A) 非易失性存储区 -数据表(D) -可变定时器(T) 固定定时器(T) -计数器(C) 固定计数器(C) -保持型继电器(K) 子程序(P) 标号(L)	1100 字节 无 25 字节 1860 字节 40 个(80 字节) 100 个 20 个(80 字节) 无 20 字节 512 999	1100 字节 无 25 字节 1860 字节 40 个(80 字节) 100 个 20 个(80 字节) 无 20 字节 无 无	8500 字节 8000 字节 500 字节 10000 字节 250 个(1000 字节) 500 个 100 个(400 字节) 100 个(200 字节) 120 字节 2000 9999
I/O Link 输入/输出 I/O 卡输入/输出	最大 1024 点/最大 1024 点 最大 96 点/最大 72 点	最大 1024 点/最大 1024 点 无	最大 2048 点/最大 2048 点 无
顺序程序存储	Flash ROM 128KB	Flash ROM 128KB	Flash ROM 128~768KB

6.2　PMC 的信号地址

FANUC-0i 系统的输入/输出信号接口装置有内置和外装两种形式。采用内置 I/O 装置时，输入/输出信号的地址是固定的；采用外装装置（I/O Link）时，输入/输出信号的地址是由数控机床厂家在编制 PMC 程序时设定的，连同 PMC 程序存储到系统的 FROM 中。

1. 从机床侧到 PMC 的输入信号地址

采用内置 I/O 装置时，FANUC-0iA 系统的输入信号地址为 X1000~X1011（96 点输人），FANUC-0iB 系统的输入信号地址为 X0～X11（96 点输入）。采用 I/O Link 时，PMC 输入信号地址为 X0～X127。

有些输入信号不需要 PMC 而直接由 CNC 监控。这些信号的输入地址是固定的，CNC 运行时直接引用这些地址信号。FANUC-0i 系统的固定输入地址及信号功能如表 6-2 所示。

表 6-2　FANUC-0i 系统的固定输入地址及信号功能

信　号		符　号	地　址	
			当使用内置 I/O 卡时	当使用 I/O Link 时
T 系列	X 轴测定位置到达信号	XAE	X1004.0	X4.0
	Z 轴测定位置到达信号	ZAE	X1004.1	X4.1
	刀具补偿测量直接输入功能　B：＋X 方向信号	＋MIT1	X1004.2	X4.2
	刀具补偿测量直接输入功能　B：－X 方向信号	－MIT1	X1004.3	X4.3
	刀具补偿测量直接输入功能　B：＋X 方向信号	＋MIT2	X1004.4	X4.4
	刀具补偿测量直接输入功能 B：－X 方向信号	-MIT2	X1004.5	X4.5
M 系列	X 轴测定位置到达信号	XAE	X1004.0	X4.0
	Y 轴测定位置到达信号	YAE	X1004.1	X4.1
	Z 轴测定位置到达信号	ZAE	X1004.2	X4.2
公共（T、M）系列	跳跃信号	SKIP	X1004.7	X4.7
	系统急停信号	＊ESP	X1008.4	X8.4
	第 1 轴返回参考点减速信号	＊DEC1	X1009.0	X9.0
	第 2 轴返回参考点减速信号	＊DEC2	X1009.1	X9.1
	第 3 轴返回参考点减速信号	＊DEC3	X1009.2	X9.2
	第 4 轴返回参考点减速信号	＊DEC4	X1009.3	X9.3

2. 从 PMC 到机床侧的输出信号地址

采用内置 I/O 装置时，FANUC-0iA 系统的输出信号地址为 Y1000～Y1008（72 点输出），FANUC-0iB 系统的输出信号地址为 Y0～Y8（72 点输出）。采用 I/O Link 时，其输入信号地址为 Y0～Y127。

图 6-2 为内装 I/O 模块的接口示意图，图 6-3 为外装 I/O 模块（机床操作面板 I/O 模块）的接口示意图。

3. 从 PMC 到 CNC 的输出信号地址

从 PMC 到 CNC 的输出信号地址为 G0～G255，这些信号的功能是固定的，用户通过顺序程序（梯形图）实现 CNC 各种控制功能。如系统急停控制信号为 G8.4，循环启动信号为 G7.2，进给暂停信号为 G8.5，空运行信号为 G46.7 等。

4. 从 CNC 到 PMC 的输入信号地址

从 CNC 到 PMC 的输入信号地址为 F0～F255，这些信号的功能也是固定的，用户通过顺序程序（梯形图）确定 CNC 系统的状态。如 CNC 系统准备就绪信号为 F1.7，伺服准备就绪信号为 F0.6，系统复位信号为 F1.1，系统进给暂停信号为 F0.4 等。

5. 定时器地址（T）

定时器分为可变定时器（用户可以修改时间）和固定定时器（定时时间存储到 FROM 中）两种。PMC 版本为 SA1 或 SA3 时，可变定时器有 40 个（T01～T40），其中 T01～T08 时间设定最小单位为 48ms，T09～T40 时间设定最小单位为 8ms。固定定时器有 100 个（PMC 版本为 SB7 时，固定定时器有 500 个），时间设定最小单位为 8ms。

CB104 HIROSE 50针			CB105 HIROSE 50针			CB106 HIROSE 50针			CB107 HIROSE 50针		
	A	B		A	B		A	B		A	B
01	0V	+24V	01	0V	+24V	01	0V	+24V	01	0V	+24V
02	X1000.0	X1000.1	02	X1003.0	X1003.1	02	X1004.0	X1004.1	02	X1007.0	X1007.1
03	X1000.2	X1000.3	03	X1003.2	X1003.3	03	X1004.2	X1004.3	03	X1007.2	X1007.3
04	X1000.4	X1000.5	04	X1003.4	X1003.5	04	X1004.4	X1004.5	04	X1007.4	X1007.5
05	X1000.6	X1000.7	05	X1003.6	X1003.7	05	X1004.6	X1004.7	05	X1007.6	X1007.7
06	X1001.0	X1001.1	06	X1008.0	X1008.1	06	X1005.0	X1005.1	06	X1010.0	X1010.1
07	X1001.2	X1001.3	07	X1008.2	X1008.3	07	X1005.2	X1005.3	07	X1010.2	X1010.3
08	X1001.4	X1001.5	08	X1008.4	X1008.5	08	X1005.4	X1005.5	08	X1010.4	X1010.5
09	X1001.6	X1001.7	09	X1008.6	X1008.7	09	X1005.6	X1005.7	09	X1010.6	X1010.7
10	X1002.0	X1002.1	10	X1009.0	X1009.1	10	X1006.0	X1006.1	10	X1011.0	X1011.1
11	X1002.2	X1002.3	11	X1009.2	X1009.3	11	X1006.2	X1006.3	11	X1011.2	X1011.3
12	X1002.4	X1002.5	12	X1009.4	X1009.5	12	X1006.4	X1006.5	12	X1011.4	X1011.5
13	X1002.6	X1002.7	13	X1009.6	X1009.7	13	X1006.6	X1006.7	13	X1011.6	X1011.7
14			14			14	COM4		14		
15			15			15	HDI0		15		
16	Y1000.0	Y1000.1	16	Y1002.0	Y1002.1	16	Y1004.0	Y1004.1	16	Y1006.0	Y1006.1
17	Y1000.2	Y1000.3	17	Y1002.2	Y1002.3	17	Y1004.2	Y1004.3	17	Y1006.2	Y1006.3
18	Y1000.4	Y1000.5	18	Y1002.4	Y1002.5	18	Y1004.4	Y1004.5	18	Y1006.4	Y1006.5
19	Y1000.6	Y1000.7	19	Y1002.6	Y1002.7	19	Y1004.6	Y1004.7	19	Y1006.6	Y1006.7
20	Y1001.0	Y1001.1	20	Y1003.0	Y1003.1	20	Y1005.0	Y1005.1	20	Y1007.0	Y1007.1
21	Y1001.2	Y1001.3	21	Y1003.2	Y1003.3	21	Y1005.2	Y1005.3	21	Y1007.2	Y1007.3
22	Y1001.4	Y1001.5	22	Y1003.4	Y1003.5	22	Y1005.4	Y1005.5	22	Y1007.4	Y1007.5
23	Y1001.6	Y1001.7	23	Y1003.6	Y1003.7	23	Y1005.6	Y1005.7	23	Y1007.6	Y1007.7
24	DOCOM	DOCOM	24	DOCOM	DOCOM	24	DOCOM	DOCOM	24	DOCOM	DOCOM
25	DOCOM	DOCOM	25	DOCOM	DOCOM	25	DOCOM	DOCOM	25	DOCOM	DOCOM

图 6-2　FANUC-0iA 系统内置 I/O 模块输入/输出信号地址分配图

CE56			CE57		
	A	B		A	B
01	0V	+24V	01	0V	+24V
02	Xm+0.0	Xm+0.1	02	Xm+3.0	Xm+3.1
03	Xm+0.2	Xm+0.3	03	Xm+3.2	Xm+3.3
04	Xm+0.4	Xm+0.5	04	Xm+3.4	Xm+3.5
05	Xm+0.6	Xm+0.7	05	Xm+3.6	Xm+3.7
06	Xm+1.0	Xm+1.1	06	Xm+4.0	Xm+4.1
07	Xm+1.2	Xm+1.3	07	Xm+4.2	Xm+4.3
08	Xm+1.4	Xm+1.5	08	Xm+4.4	Xm+4.5
09	Xm+1.6	Xm+1.7	09	Xm+4.6	Xm+4.7
10	Xm+2.0	Xm+2.1	10	Xm+5.0	Xm+5.1
11	Xm+2.2	Xm+2.3	11	Xm+5.2	Xm+5.3
12	Xm+2.4	Xm+2.5	12	Xm+5.4	Xm+5.5
13	Xm+2.6	Xm+2.7	13	Xm+5.6	Xm+5.7
14	DICOM0		14		DICOM5
15			15		
16	Yn+0.0	Yn+0.1	16	Yn+2.0	Yn+2.1
17	Yn+0.2	Yn+0.3	17	Yn+2.2	Yn+2.3
18	Yn+0.4	Yn+0.5	18	Yn+2.4	Yn+2.5
19	Yn+0.6	Yn+0.7	19	Yn+2.6	Yn+2.7
20	Yn+1.0	Yn+1.1	20	Yn+3.0	Yn+3.1
21	Yn+1.2	Yn+1.3	21	Yn+3.2	Yn+3.3
22	Yn+1.4	Yn+1.5	22	Yn+3.4	Yn+3.5
23	Yn+1.6	Yn+1.7	23	Yn+3.6	Yn+3.7
24	DOCOM	DOCOM	24	DOCOM	DOCOM
25	DOCOM	DOCOM	25	DOCOM	DOCOM

图 6-3　FANUC-0iA 系统机床操作面板 I/O 模块输入/输出信号地址分配图

6. 计数器地址（C）

PMC 版本为 SA1 或 SA3 时，计数器共有 20 个，计数器号为 C1～C20。PMC 版本为 SB7 时，计数器共有 100 个，计数器号为 C1～C100。

7. 保持型继电器地址（K）

FANUC-0iA 系统的保持型继电器地址为 K0～K19，其中 K16～K19 是系统专用继电器，不能作为他用。FANUC-0iB/0iC（PMC 为 SB7）系统的保持型继电器地址为 K0～K99（用户使用）和 K900～K919（系统专用）。

8. 中间继电器地址

地址 R0～R999 供用户使用，R9000～R9099 为系统专用。

9. 信息继电器地址（A）

信息继电器通常用于显示报警信息请求，FANUC-0iA/B 系统有 200 个信息继电器（占用 25 个字节），其地址为 A0～A24。FANUC-0iC 有 2000 个信息继电器（占用 500 个字节）。

10. 数据表地址（D）

FANUC-0iA 系统数据表共有 1860 个字节，其地址为 D0～D1859，FANUC-0iB/0iC 系统（PMC 为 SB7）共有 10000 个字节，其地址为 D0～D9999。

11. 子程序号地址（P）

通过子程序有条件调出 CALL 或无条件调出 CALLU 功能指令，系统运行子程序的 PMC 控制程序，完成数控机床辅助功能控制动作，如加工中心的换刀动作。FANUC-0iA 系统（PMC 为 SA3）的子程序数为 512 个，其地址为 P1～P512。FANUC-0iB/0iC 系统（PMC 为 SB7）的子程序数为 2000 个，其地址为 P1～P2000。

12. 标号地址（L）

为了便于查找和控制，PMC 顺序程序用标号进行分块（一般按控制功能进行分块），系统通过 PMC 的标号跳转功能指令（JMPB 或 JMP）随意跳到所指定标号的程序进行控制。FANUC-0iA 系统（PMC 为 SA3）的标号数有 999 个，其地址为 L1～L999，FANUC-0iB/0iC 系统（PMC 为 SB7）的标号数 9999 个，其地址为 L1～L9999。

6.3　PMC 梯形图程序特点

PMC 的控制过程是由用户程序（顺序程序）规定的，PMC 用户程序的表达方法主要有两种：梯形图和语句表。本书仅介绍用梯形图编制 PMC 顺序程序。

1. 梯形图程序

梯形图程序采用类似继电器触点、线圈的图形符号，容易为从事电气设计制造的技术人员所理解和掌握。梯形图程序如图 6-4 所示。梯形图左右两条竖线称为母线，梯形图是母线和夹在母线之间的触点、线圈、功能指令（图中未画出）等构成的一行或多行。梯形图中的线圈和触点都被赋予一个地址。程序执行顺序是从梯形图的开头，按照从上到下，从左到右的顺序逐一执行梯形图中的指令，直至梯形图结束。梯形图程序执行完后，再次从梯形图的开头运行，称作循环运行。从梯形图的开头直至结束执行一遍的时间称为循环处理周期。处理周期越短，信号的响应能力越强。

2. 梯形图程序和继电器控制电路的区别

梯形图使用与继电器逻辑电路相似的控制逻辑，一般可以按照继电器控制电路的逻辑分析梯形图，这就为电气工程人员读懂梯形图提供了方便。但梯形图与传统的继电器控制电路是有区别的，梯形图是顺序程序，触点动作是有先后的；而在一般的继电器控制电路中图 6-4（a）与图 6-4（b）的动作是相同的，即接通 A 触点（按钮开关）让线圈 B 和 C 中有电流通过，C 触点接通后 B 断开。

如果作为梯形图，在图 6-4（a）中 PMC 梯形图程序的作用和继电器电路一样，即 A 触点接通后 B、C 线圈接通，经过一个扫描周期后 B 线圈关断。但在图 6-4（b）中，按梯形图的顺序，A 触点接通后 C 线圈接通，但 B 线圈并不接通。

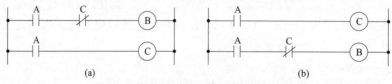

图 6-4　梯形图和继电器控制电路的区别

3. PMC 的程序结构

PMC 程序从整体结构上一般由两部分组成，即第 1 级程序和第 2 级程序，还有子程序等。其程序组成结构如图 6-5 所示。

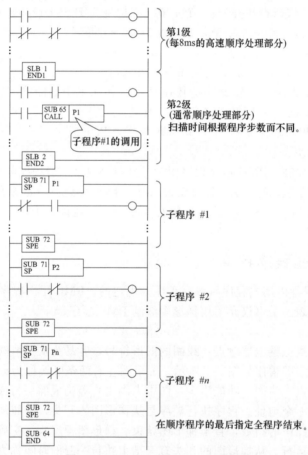

图 6-5　FANUC 系统 PMC 程序结构

PMC 执行周期如图 6-6 所示，在 PMC 执行扫描过程中，第 1 级程序每 8ms 执行一次，第 2 级程序根据其程序的长短被自动分割成 n 等份，每 8ms 中扫描完第 1 级程序后，再依次扫描第 2 级程序，所以整个 PMC 程序的执行周期是 $n \times 8ms$。如果第 1 级程序过长，导致每 8ms 扫描的第 2 级程序过少的话，则相对于第 2 级程序分割的数量 n 就多，整个扫描周期相应延长。因此第 1 级程序应编得尽可能短，通常仅处理如急停、各轴超程、进给暂

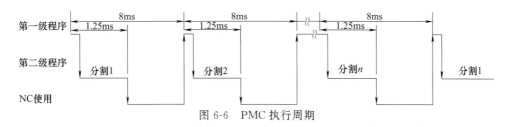

图 6-6　PMC 执行周期

停、到达测量位置等信号,其他信号的处理放在第 2 级程序中。

子程序是位于第 2 级程序之后,其是否执行扫描受 1、2 级程序的控制,对一些控制较复杂的 PMC 程序,建议用子程序来编写,以减少 PMC 的扫描周期。

4. PMC 的程序分析

由于机床控制程序庞大、复杂。在此,以手动方式下润滑控制程序为例,介绍 PMC 的逻辑控制过程。

图 6-7 所示程序中 X18.7 为润滑控制键输入信号,X9.4 为润滑电动机过载输入信号,X9.5 为润滑液低于下限输入信号,Y8.3 为润滑输出控制接口,Y14.4 为润滑报警指示灯,Y15.6 为润滑按键右上角的指示灯,R398.3、R398.4 和 R398.5 为中间继电器,F1.1 为复位键输入信号。

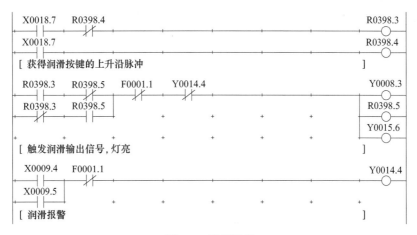

图 6-7　示例程序

(1) 程序的前两行是为了获得 R398.3 的上升沿信号

在按下润滑按钮 X18.7 瞬间,程序从上向下执行,在程序的第一行使 R398.3 有输出,接着执行程序的第二行,使 R398.4 有输出,同时 R398.4 的常闭触点断开,使 R398.3 停止输出,即在执行顺序程序中获得了 R398.3 的上升沿信号。

(2) 程序的中间三行是为了保持润滑信号的输出

执行的条件是:没有出现润滑电动机过载或润滑液低于下限报警信号,也没有按下数控系统上的"RESET"复位键。

满足以上条件后,在按下润滑键 X18.7 的瞬间,获得了 R398.3 的上升沿信号,此上升沿信号触发按键指示灯 (Y15.6) 点亮,润滑控制 (Y8.3) 有输出,继电器 R398.5 有输出,同时 R398.5 的常开触点闭合,常闭触点断开,使 R398.5 自锁,保持润滑正常运行。

(3) 停止润滑的条件

① 当再次按下润滑键时,由程序前两行得到的上升沿信号使 R398.3 的常闭触点断开,

润滑停止。

② 当出现润滑电动机过载或润滑液低于下限报警信号时，润滑报警指示灯（Y14.4）点亮，同时 Y14.4 的常闭触点断开，使润滑停止。

③ 当按下"RESET"复位键时，润滑输出和润滑报警信号被复位。

6.4 PMC 梯形图基本操作

这里仅以 PMC-SA1 为例，介绍数控系统上梯形图的基本操作。梯形图编程时的相关具体操作方法，请参阅《梯形图语言编程说明书》和《梯形图语言补充编程说明书》。

1. 在数控系统中查阅梯形图

① 在数控系统上按"SYSTEM"键，调出系统屏幕；按下 [PMC] 软键，出现 PMC 状态和对软键功能的简要说明画面。

② 按下 [PMCLAD] 软键，进入"实时梯形图画面"；可以通过上下翻页键或光标移动键查看所有的程序。

③ 在 CRT 屏幕中，触点和线圈断开（状态为 0）以低亮度显示，触点和线圈闭合（状态为 1）以高亮度显示；在梯形图中有些触点或线圈是用助记符定义的，而不是用地址来定义，这是在编写 PMC 程序时为了方便记忆，为地址做了助记符。

④ 按下 [ADRESS] 软键，可以切换到地址显示画面，这时所有触点和线圈都以地址来显示，如图 6-8 所示；再按下 [SYMBOL] 软键，又可以切换到助记符显示画面，如图 6-9 所示。

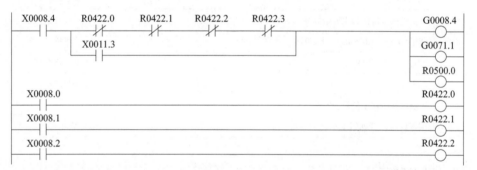

图 6-8 地址显示

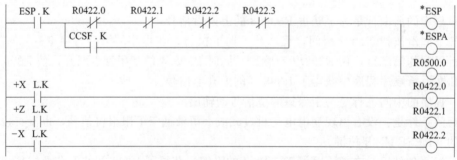

图 6-9 助记符显示

2. 在梯形图中查找触点、线圈、行号和功能指令

在梯形图中快速准确地查找想要的内容，是日常保养和维修过程中经常进行的操作，必须熟练掌握。搜索菜单如图 6-10 所示。

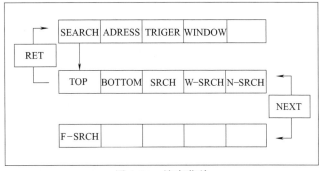

图 6-10　搜索菜单

（1）查找触点和线圈

在"实时梯形图画面"中，按下［SEARCH］软键，进入查找画面；键入要查找的触点，如 X9.5。然后按下［SRCH］（查找触点）软键；执行后，画面中梯形图的第一行就是所要查找的触点。

注意：进行地址 X9.5 的查找时，会从梯形图的开头开始向下查找，当再次进行 X9.5 的查找时，会从当前梯形图的位置开始向下查找，直到到达该地址在梯形图中最后出现的位置后，又回到梯形图的开头重新向下查找；使用［SRCH］软键，同时可以查找触点和线圈，而对于线圈的查找还有更快捷的方法。

（2）查找线圈

如键入"Y8.3"，然后按下［W-SRCH］（查找线圈）软键，画面中梯形图的第一行就是所要查找的线圈 Y8.3。

（3）查找某行的触点或线圈

对梯形图比较熟悉后，根据梯形图的行号查找触点或线圈是另一种快捷方法；如要查找第 30 行的触点，键入"30"，然后按下［N-SRCH］软键，这时便可在画面中调出第 30 行的梯形图。

（4）查找功能指令

按下"扩展菜单"键，键入"27"（即 SUB27）然后按下［F-SRCH］软键，画面中梯形图的第一行就是所要查找的功能指令；查找功能指令与查找触点和线圈的方法基本相同，但其所需键入的内容不同，后者键入的是地址而前者需要键入的是功能指令的编号。

3. 信号状态的监控

信号状态监控画面可以提供触点和线圈的状态。

① 在 MDI 键盘上按"SYSTEM"键，调出系统屏幕；按下［PMC］软键，出现 PMC 状态和对软键功能的简要说明画面。

② 按下［PMCDGN］软键，在出现的画面中按下［STATUS］软键，进入监控画面；输入所要查找的地址，如键入 X9，然后按下［SEARCH］软键，在画面的第一行将看到所要找的地址的状态。

4. PMC 程序的编写和修改

对于 FANUC 数控系统，不但可以在 CRT 上显示 PMC 程序，而且可以进入编辑画面，根据用户的需求对 PMC 程序进行编辑和其他操作。

① 选择"EDIT"（编辑）运行方式，按 MDI 键盘区的"SYSTEM"键，然后按下［PMC］软键，再按向下"扩展键"，出现图 6-11 第一行所示的软键画面。

② 按下［EDIT］软键，进入编程基本画面，如图 6-12 所示；在该画面中显示了标题、

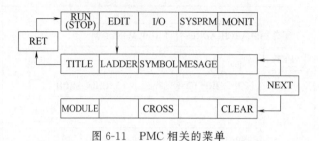

图 6-11　PMC 相关的菜单

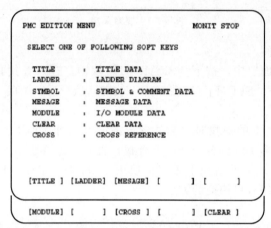

图 6-12　编程基本菜单

梯形图、符号及注释、信息、I/O 模块数据、数据清除和信息对照表，以及一些软键功能。

③ 在图 6-12 所示画面中，按下［LADDER］软键，进入"梯形图编辑画面"，可进行 PMC 梯形图的编写。一些常用的程序编辑软键，如图 6-13 所示。

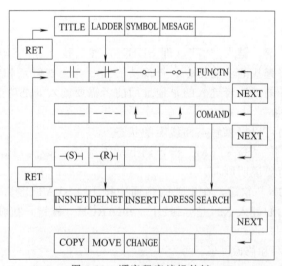

图 6-13　顺序程序编辑软键

如果程序没有被输入，在 CRT 上只显示梯形图的左右两条纵线，压下光标键将光标移动到指定的输入位置后，就可以输入梯形图了。注意不要随意改动原有的 PMC 程序，以防影响机床的正常工作。

如果要输入图 6-14 所示的梯形图，方法如下。

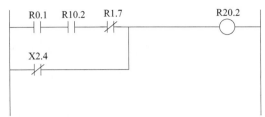

图 6-14 梯形图实例

a. 将光标移动到起始位置后压下［┤├］软键，其被输入到光标位置处。

b. 用地址键和数字键键入 R0.1 后，压下"INPUT"键，在触点上方显示地址，光标右移。

c. 用上述方法输入地址为 R10.2 的触点，光标右移。

d. 压下［┤╱├］软键，输入地址 R1.7，然后压下"INPUT"键，在常闭触点上方显示地址，光标右移。

e. 压下［─○┤］软键，此时自动扫描出一条向右的横线，并且在靠近右垂线附近输入了继电器的线圈符号。

f. 输入地址 R20.2 后，压下"INPUT"键，光标自动移到下一行起始位置。

g. 压下［┤╱├］软键，输入地址 X2.4；压下"INPUT"，在其上方显示地址，光标右移。

h. 压下"扩展软键"，如图 6-13 所示显示下一行功能软键。

i. 连续两次压下［───］软键，输入水平线，将光标前移一位，再压下［＿↑］软键，输入右上方纵线。

注意：在 CRT 屏幕上每行可以输入 7 个触点和一个线圈，超过的部分不能被输入；如果在梯形图编辑状态时关闭电源，梯形图会丢失，在关闭电源前应先保存梯形图，并退出编辑画面。

④ 功能指令的输入。在键入指定的功能指令号后，压下［FUNCTN］软键，就可以输入相应的功能指令；如果在压下［FUNCTN］软键之前没有输入功能指令号，屏幕会显示出功能指令表，键入指定的功能指令号，压下［INPUT］键输入相应的功能指令，此时功能指令会显示在 CRT 上，根据各功能指令的含义，在指定的位置输入控制条件和功能指令的参数等。

⑤ 顺序程序的修改。

a. 如果某个触点或者线圈的地址错了，把光标移到需要修改的触点或线圈处，在 MDI 键盘上键入正确的地址，然后按下"INPUT"键，就可以修改地址了。

b. 如果要在程序中进行插入操作，按照图 6-13 的顺序，按下［INSNET］软键，将显示具有［INSNET］、［INSLIN］、［INSELM］的画面，分别是插入区域、空行和空位。

c. 将光标移动到需要删除的位置后，可用三种软键进行删除操作。

• ［┄┄┄］：删除水平线、触点、线圈。

• ［↑＿］：删除光标左上方纵线。

• ［＿↑］：删除光标右上方纵线。

d. 用［DELNET］软键，删除一个程序行：把光标移到要删除的行后，压下［DEL-NET］软键，被选择的行高亮度显示，再压下［EXEC］键执行；若不想删除，压下

[CANCEL] 取消删除操作。

5. PMC 程序的保存

① 在 MDI 键盘上按 "SYSTEM" 键，调出系统屏幕。

② 按下 [PMC] 软键，按扩展键找到 I/O 画面，设定 DEVICE＝F-ROM，再压下 [EXEC] 键执行；或者按下 [PMC] 软键，按下 [PMC-PRM] 软键，再按 [SETING] 软键，将 "WRITE DATA TO FROM" 设置为 1。

③ 编辑完梯形图程序后，按最左侧的返回软键，当出现 "WRITE DATA TO FROM？" 时，按下 [EXEC] 执行键，就保存了 PMC 程序。

6. PMC 程序的运行和停止

图 6-11 所示的画面第一行，如果 CRT 的左下角显示为 "RUN"，说明 PMC 程序已经停止运行，按下此键后，"RUN" 变为 "STOP"，即开始运行 PMC 程序；否则，功能相反。

6.5　任务决策和实施

1. 程序输入

依次按系统功能键 "SYSTEM"→[PMC] 软键→扩展键→[EDIT] 软键→[LADDER]，进入 PMC 程序编辑画面，由于系统里已经有 PMC 程序，则在第二级程序中选择某一插入位置，如图 6-15 所示。

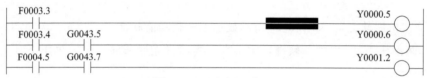

图 6-15　选择插入位置

压下软键 [INSNET]，画面就会空出一行从而得到相应的插入区域，如图 6-16 所示。如果在压下软键 [INSNET] 输入了数值，则画面将插入相应的行数。

图 6-16　插入区域

移动光标至需插入位置处，输入图 6-1 所示的程序，输入完毕后如图 6-17 所示。

2. 检查是否有重复线圈

分别对 Y1.5、Y1.6、Y23.4、R100.4、Y100.4 进行线圈检索（W-SRCH），如果发现原 PMC 程序中已经有相同的输出线圈，则将新插入的 PMC 程序中的线圈进行修改，确保无重复输出信号。注意不得修改原 PMC 程序，以免影响机床正常工作。

3. 程序保存

程序输入完成后按左边的返回软键，出现 "WRITE DATA TO FROM？"，按下 [EX-EC] 软键，将程序写入 FROM。

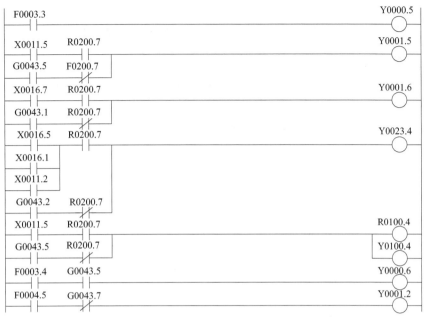

图 6-17　程序插入完毕

6.6　检查和评估

检查和评分表如表 6-3 所示。

表 6-3　项目检查和评分表

序号	检查项目	要　求	评分标准	配分	扣分	得分
1	程序输入	掌握 PMC 程序的输入方法	1. 插入位置未选在第二级程序中,扣 10 分 2. 程序输入错误每处扣 8 分直至扣完该部分配分	40		
2	重复线圈的检查与修改	1. 掌握信号地址的检索方法 2. 掌握信号地址的修改方法	存在重复线圈每处扣 10 分直至扣完该部分配分	30		
3	PMC 程序的保存	掌握 PMC 程序的保存设置方法,正确完成 PMC 的保存操作	PMC 程序未保存扣完该部分配分	20		
4	其他	1. 操作要规范 2. 在规定时间完成(40 分钟) 3. 工具整理和现场清理	1. 操作不规范每处扣 5 分,直至扣完该部分配分 2. 超过规定时间扣 5 分,最长工时不得超过 50 分钟 3. 未进行工具整理和现场清理者,扣 10 分	10		
			合　计	100		
备注			考评员签字			
				年　　月　　日		

课 后 练 习

1. 说明下列地址所代表的信号类型：X、Y、G、F、R、T、C、K。
2. 说明删除全部 PMC 梯形图的操作过程。
3. 观察系统在不同工作方式下信号 G43.0～G43.7 的对应状态。

任务 7 使用一个普通按键控制一个指示灯的亮灭

【任务描述】

在实训平台上完成 PMC 相关输入输出信号的连接和控制程序编制，实现用一个普通按键控制一个指示灯的亮灭：即按下按键，灯亮，松开后，灯保持亮；再按下按键，灯灭，松开后，灯保持灭（实训平台上的 PMC 程序和 I/O 地址设定信息事先已删除）。

【相关知识】

7.1 PMC I/O 装置的选型

目前 FANUC 系统的 I/O 装置为选择配置，系统选型时，要根据系统的配置和机床的具体要求进行 I/O 装置的选择。FANUC 系统常用的 I/O 装置及其特点如表 7-1 所示。

表 7-1 FANUC 系统常用的 I/O 装置及其特点

装置名	概 要 说 明	手轮连接	输入输出点数
机床操作面板模块	装在机床操作盘上，带有矩阵排列的键开关和 LED 及手摇脉冲发生器接口的装置 	有	96/64
操作盘 I/O 模块	是带有机床操作盘接口的装置，0i 系统上常见 	有	48/32
机床外置 I/O 单元	能适应机床强电电路输入输出信号的任意组合要求 	有	96/64

续表

装置名	概 要 说 明	手轮连接	输入输出点数
分线盘 I/O 模块	是一种分散型的 I/O 模块,能适应机床强电电路输入输出信号任意组合的要求,由基本单元和三块扩展单元组成 	有	96/64
FANUC I/O UNIT A/B	是一种模块结构的 I/O 装置,能适应机床强电回路输入/输出信号任意组合的要求 	无	最大 256/256
I/O LINK 轴	使用 β 和 βi 系列 SVU(带 I/O LINK),可以通过 PMC 外部信号来控制伺服电动机进行定位 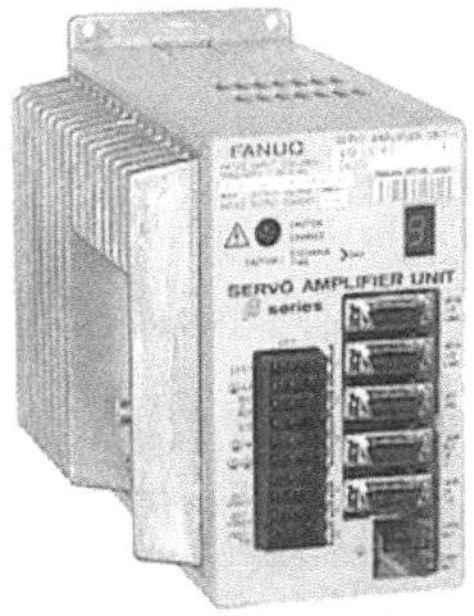	无	128/128

7.2　PMC I/O Link 地址设定

I/O Link 是一个串行接口,将 CNC 和 PMC 外装 I/O 装置(如分线盘 I/O 模块、机床操作面板 I/O 模块等)连接起来,各设备间以串行总线方式高速传送 I/O 信号(位数据)。在 Link 总线上,CNC 是主控端而 I/O 装置是从控端。多 I/O 装置相对于主控端来说是以组的形式来定义的,相对于主控端最近的为第 0 组,依此类推。一个通道最多可以带 16 组从控端(第 0 组到第 15 组),最大的输入点数是 1024/1024。

当 I/O Link 上的 I/O 装置连接好后,需要进行 I/O 单元的软件设定(地址分配),即确定每个模块 Xm/Yn 中的 m/n 的数值。

例 7-1　某加工中心连接了 2 块 PMC I/O 模块,第一块为标准机床操作面板(96 点入/64 点出,带手轮),第二块为分线盘 I/O 模块,连接如图 7-1 所示。完成该机床的 I/O Link 地址设定。

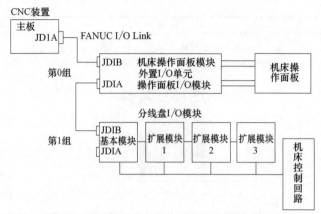

图 7-1　FANUC 系统 I/O 装置 Link 的连接图

I/O Link 地址设定步骤如下。

依次按 [SYSTEM] 键和 [PMC]、[EDIT]、[MODULE] 软键，进入图 7-2 所示 I/O Link 地址设定画面，将标准机床操作面板的地址设定为 0 组 0 座 1 槽，若将该模块起始输入信号地址设为 X0.0，即 m 设为 0，则在 X0 处输入 "0.0.1.OC02I"，"OC02I" 为 16 个字节的输入模块名称；若将该模块起始输出信号地址设为 Y0.0，即 n 设为 0，则在 Y0 处输入 "0.0.1./8"，"/8" 为 8 个字节的输出模块名称。这样设定后，分配给该模块的输入信号地址为 X0～X15；分配给该模块的输出信号地址为 Y0～Y7。

第 1 组连接的机床分线盘 I/O 模块，配置了一个基本模块和 3 个扩展模块，共 96 点/64 点出，即 12 个字节输入，8 个字节输出。其 I/O Link 地址设定为 1 组 0 座 1 槽，若将该模块起始输入信号地址设为 X16.0，即 m 设为 16，则在 X16 处输入 "1.0.1.OC01I"，"OC01I" 为 12 个字节的输入模块名称；若将该模块起始输出信号地址设为 Y8.0，即 n 设为 16，则在 Y8 处输入 "1.0.1./8"，"/8" 为 8 个字节的输出模块名称。这样设定后，分配给该模块的输入信号地址为 X16～X27；分配给该模块的输出信号地址为 Y8～Y15。

```
PMC I/O MODULE   CHANNEL 1                                    PMC STOP

ADDRESS  GROUP  BASE  SLOT   NAME    ADDRESS  GROUP  BASE  SLOT   NAME
 X000     0      0     1    OC02I     Y000     0      0     1     /8
 X001     0      0     1    OC02I     Y001     0      0     1     /8
 X002     0      0     1    OC02I     Y002     0      0     1     /8
 X003     0      0     1    OC02I     Y003     0      0     1     /8
 X004     0      0     1    OC02I     Y004     0      0     1     /8
 X005     0      0     1    OC02I     Y005     0      0     1     /8
 X006     0      0     1    OC02I     Y006     0      0     1     /8
 X007     0      0     1    OC02I     Y007     0      0     1     /8
 X008     0      0     1    OC02I     Y008
 X009     0      0     1    OC02I     Y009
 X010     0      0     1    OC02I     Y010
 X011     0      0     1    OC02I     Y011
 X012     0      0     1    OC02I     Y012
 X013     0      0     1    OC02I     Y013
 X014     0      0     1    OC02I     Y014

GROUP.BASE.SLOT.NAME =

>0.0.1.OC02I^

      INPUT  SEARCH DELETE PRV.CH NXT.CH
```

图 7-2　FANUC 系统 I/O Link 地址设定画面

说明：① 地址分配很自由，但有一个规则，即连接手轮的模块必须设为 16 字节（OC02I），且通常离系统最近（0 组）。对于此 16 字节模块，Xm＋0～Xm＋11 用于输入，即使实际上没有这么多输入点，但为了连接手轮也需如此分配。Xm＋12～Xm＋14 用于三个手轮的信号输入。只连接一个手轮时，旋转手轮可看到 Xm＋12 中信号在变化。Xm＋15 用于输出信号的报警。

② 地址分配时，要注意 X8.4（急停信号地址），X9.0～X9.4（各轴回参考点减速信号地址）等高速输入点的分配要包含在相应的 I/O 模块上。

③ 对于除 I/O UNIT-A 外其他 I/O 模块的基座号固定设为 0，槽号固定设为 1。

④ 模块的地址可在规定范围内任意处定义，一旦定义了起始地址（m），该模块的内部地址就分配完毕。

⑤ 在模块分配完毕以后，要注意保存，断电再通电方可生效。同时注意模块优先于系统先通电，否则系统在通电时无法检测到该模块。

7.3 任务决策和实施

1. I/O Link 地址设定

实训平台（PMC 为 SA1 版本）的 I/O 模块为一个机床操作面板 I/O 模块。该模块有48 个输入点（6 个字节输入），32 个输出点（4 个字节输出）。由于实际输入点只有 6 个字节，为了将 X8.4（急停信号地址）、X9.0～X9.4（各轴回参考点减速信号地址）等 CNC 直接读取的地址信号包含在该 I/O 模块上，这里从 X8 处开始分配（机床操作面板 I/O 模块接口示意图的 m 设为 8）。由于该 I/O 模块接有手轮，因此要分配 16 个字节，即分配输入地址范围为 X8～X23，其中 X8～X13 为实际输入点地址，X20～X22 用于三个手轮的信号输入，X23 用于 I/O 模块上驱动芯片过电流的报警。输出地址为 4 个字节，可从 Y0 开始分配（机床操作面板 I/O 模块接口示意图的 n 设为 0），即 Y0～Y3 为该模块输出地址。操作步骤如下。

① 在 MDI 面板上按下 [SYSTEM] 键，然后依次按下 [PMC] 软键→ [EDIT] 软键→扩展键→ [MODULE] 软键，进入地址设定画面（I/O 地址分配已事先清空）。

② 将光标移到 X8 处，键入 "0.0.1.OC02I"，按 [INPUT] 键，完成输入地址分配。

③ 将光标移到 Y0 处，键入 "0.0.1./4"，按 [INPUT] 键，完成输出地址分配。

④ 按最左侧的返回软键，当出现 "WRITE DATA TO FROM?" 时按下 [EXEC] 执行键就保存了 I/O Link 地址设定。

2. 编制梯形图程序

参考程序如图 7-3 所示。

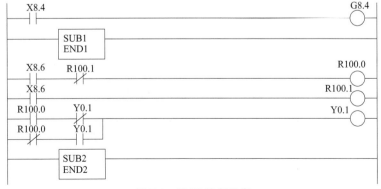

图 7-3 PMC 控制程序

PMC 程序中，X8.4 为急停输入信号，当 X8.4 为 0 时系统会出现急停报警。

X8.6 为按键的输入地址，Y0.1 为指示灯的输出地址。按下指示灯控制按键，通过继电器 R100.0 和 R100.1 获得一个扫描周期的脉冲信号（R100.0），继电器 R100.0 的常开点闭合，指示灯的输出地址 Y0.1 为 1 并自保（松开指示灯控制按键时信号维持不变），灯点亮。当再次按下按键时，通过 R100.0 的常闭点拉断指示灯 Y0.1 的自保回路，灯灭。松开按键后，Y0.1 保持 0 状态不变，灯维持灭状态。

注：在第 1 级程序编写完后，要在结尾写上程序结束功能指令 END1（SUB1），这是第 1 级程序结束的标志，即使第 1 级没有程序，也要有该标志；同理在第 2 级程序结束时要加入第 2 级程序结束的标志 END2（SUB2）。

3. 程序输入

实训平台上的原有 PMC 控制程序事先已经删除。依次按系统功能键"SYSTEM"→[PMC] 软键→扩展键→[EDIT] 软键→[LADDER]，进入 PMC 程序编辑画面，输入图 7-3 所示程序，完成后按左边的返回软键，出现"WRITE DATA TO FROM?"，按下 [EXEC] 软键，将程序写入 FROM。

4. 线路连接（略）

5. 通电调试（略）

7.4 检查和评估

检查和评分表如表 7-2 所示。

表 7-2 项目检查和评分表

序号	检查项目	要　　求	评分标准	配分	扣分	得分
1	地址设定	1. 正确完成输入输出信号地址分配 2. 正确进行地址设定后的保存操作	1. 输入信号地址未设定或设定错误扣 10 分 2. 输出信号地址未设定或设定错误扣 10 分 3. 地址设定后未保存到 FROM 扣 10 分	20		
2	PMC 程序编制和输入	1. 能够正确编制 PMC 程序 2. 能进入系统 PMC 程序编辑画面，完成程序的输入和编辑	1. PMC 程序编写错误扣 20 分 2. PMC 程序输入后未写入到 FROM 扣 20 分	40		
3	线路连接	正确完成 PMC 电源和输入、输出信号(X8.4、X8.6、Y0.1)的线路连接，实现控制要求	PMC 电源、X8.4、X8.6、Y0.1 四部分连接线路中每发现一个线路出现错误扣 10 分，直至扣完该部分配分	30		
4	其他	1. 操作要规范 2. 在规定时间完成(40 分钟) 3. 工具整理和现场清理	1. 操作不规范每处扣 5 分，直至扣完该部分配分 2. 超过规定时间扣 5 分，最长工时不得超过 50 分钟 3. 未进行工具整理和现场清理者，扣 10 分	10		
			合　　计	100		
备注			考评员 签字			
				年　　月　　日		

7.5 任务拓展——实现指示灯的闪烁控制

当数控机床出现不正常情况时，需要指示灯不停闪烁来引起操作者的注意。在 PMC 编程中，通常使用定时器指令来实现指示灯的闪烁控制。FANUC 系统 PMC 的定时器按时间设定形式不同可分为可变定时器（TMR）和固定定时器（TMRB）两种。

1. 可变定时器（TMR）

TMR 指令的定时时间可通过 PMC 参数进行修改，可变定时器的指令格式如图 7-4（a）所示。指令格式包括三部分，分别是控制条件、定时器号和定时继电器。

控制条件：当 ACT＝0 时，输出定时继电器 TM01＝0；当 ACT＝1 时，经过设定的延时后，输出定时继电器 TM01＝1。

定时器号：PMC 为 SA1 时，定时器号为 1～40，其中 1～8 号最小单位为 48ms（最大为 1572.8s），9 号以后最小单位为 8ms（最大为 262.1s）。定时器的时间在 PMC 参数中设定（每个定时器占两个字节，以十进制数直接设定）。PMC 为 SB7 时，定时器号为 1～250（每个定时器占 4 个字节）。

定时继电器：作为可变定时器的输出控制，定时继电器的地址由机床厂家设计者决定，一般采用中间继电器。

定时器工作原理如图 7-4（b）所示。当 ACT＝1 时，定时器开始计时，到达预定的时间后，定时继电器 TM01 接通；当 ACT＝0 时，定时器继电器 TM01 断开。

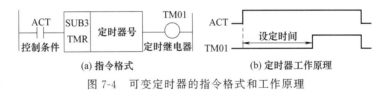

图 7-4 可变定时器的指令格式和工作原理

2. 固定定时器（TMRB）

固定定时器（TMRB）的时间不是通过 PMC 参数设定的，而是通过 PMC 程序编制的。固定定时器一般用于机床固定时间的延时，不需要用户修改时间。图 7-5 为固定定时器的格式和应用实例。

图 7-5 固定定时器的指令格式和工作原理

控制条件：当 ACT＝0 时，输出定时继电器 T03＝0；当 ACT＝1 时，经过设定的延时后，输出定时继电器 T03＝1。

定时器号：PMC 为 SA1 时，共有 100 个，编号为 1～100。PMC 为 SB7 时，共有 500个，编号为 1～500。

设定时间：设定时间的最小单位为 8ms，设定范围为 8～262136ms。

定时继电器：作为定时器的输出控制，定时继电器的地址由机床厂家设计者决定，一般采用中间继电器。

图 7-5 中，当 X000.0 为 1，并经过 5000ms 的延时后，定时继电器 R000.0 输出 1。

图 7-6 为一指示灯闪烁的 PMC 控制程序，仅供参考。该程序使用了两个可变定时器。当 X10.0 接通后，指示灯（Y2.0）开始闪烁（间隔时间为 5s）。通过 PMC 参数设定画面分别输入定时器 01、02 的时间设定值（5000ms）。F1.1 为系统复位信号，当按下操作面板的RESET 键时，系统将 F1.1 置 1，从而灯熄灭。

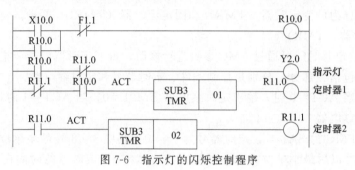

图 7-6 指示灯的闪烁控制程序

课 后 练 习

1. 一数控机床的 I/O 模块为两个机床操作面板 I/O 模块，给出 I/O 地址如何分配方案。
2. 设计一个间歇润滑功能，要求润滑时间 1～5min 可调，停顿时间 1～30min 可调。

任务8 实现数控系统的工作方式选择

【任务描述】

在实训平台上完成 PMC 相关输入输出信号的连接和控制程序编制，实现数控系统的工作方式选择。

【相关知识】

8.1 系统的工作方式

1. 编辑方式（EDIT）

在此状态下，编辑存储到 CNC 内存中的加工程序文件。编辑操作包括插入、修改、删除和字的替换。编辑操作还包括删除整个程序和自动插入顺序号。扩展程序编辑功能包括复制、移动和程序的合并。

2. 存储运行方式（MEM）

又称自动运行状态（AUTO），在此状态下，系统运行的加工程序为系统存储器内的程序。当选择了这些程序中的一个并按下机床操作面板上的循环启动按钮后，启动自动运行，并且循环启动灯点亮。存储器运行在自动运行状态中，当机床操作面板上的进给暂停按钮被按下后，自动运行被临时中止。当再次按下循环启动按钮后，自动运行又重新进行。

3. 手动数据输入方式（MDI）

在此状态下，通过 MDI 面板可以编制最多 10 行的程序并被执行，程序格式和通常程序一样。MDI 运行适用于简单的测试操作（在此状态下还可以进行系统参数和各种补偿值的修改和设定）。

4. 手轮进给方式（HND）

在此状态下，刀具可以通过旋转机床操作面板上的手摇脉冲发生器微量移动。使用手轮进给轴选择开关选择要移动的轴。手摇脉冲发生器旋转一个刻度时刀具移动的最小距离与最小输入增量相等。手摇脉冲发生器旋转一个刻度时刀具移动的距离可以放大 1 倍、10 倍、100 倍或 1000 倍最小输入增量（通过手轮倍率开关选择）。

5. 手动连续进给方式（JOG）

在此状态下，持续按下操作面板上的进给轴及其方向选择开关，会使刀具沿着轴的所选方向连续移动。手动连续进给最大速度由系统参数设定，进给速度可以通过倍率开关进行调整。按下快速移动开关会使刀具快速移动（由系统参数设定），而不管 JOG 倍率开关的位置，该功能叫做手动快速移动。

6. 机床返回参考点方式（REF）

机床返回参考点即确定机床零点状态（ZRN）。在此状态下，可以实现手动返回机床参考点的操作。通过返回机床参考点操作，CNC 系统确定机床零点的位置。

7. DNC 运行方式（RMT）

在此状态下，可以通过阅读机（加工纸带程序）或 RS-232 通信口与计算机进行通信，实现数控机床的在线加工。DNC 加工时，系统运行的程序是系统缓冲区的程序，不占系统的内存空间，是目前数控机床的基本配置。

8.2 系统工作方式信号

系统的工作状态由系统的 PMC 信号通过梯形图指定。系统工作方式与信号的组合如表 8-1 所示。表中的"1"为信号接通，"0"为信号断开。

表 8-1 系统工作方式与信号的组合

工作状态	系统状态显示	G43.7	G43.5	G43.2	G43.1	G43.0
编辑	EDIT	0	0	0	1	1
自动运行	MEM(AUTO)	0	0	0	0	1
MDI	MDI	0	0	0	0	0
手轮进给	HND	0	0	1	0	0
点动	JOG	0	0	1	0	1
返回参考点	REF(ZRN)	1	0	1	0	1
DNC 运行	RMT(DNC)	0	1	0	0	1

8.3 系统工作方式的 PMC 控制

数控机床常用的工作方式开关如图 8-1 所示，常见的有旋转式波段开关和按键式开关。

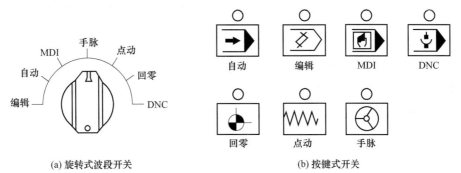

(a) 旋转式波段开关　　　(b) 按键式开关

图 8-1 数控机床工作方式开关

按键式开关上面安装有指示灯，结构相对简单。

旋转式波段开关结构如图 8-2 所示。它由绝缘基片、跳步定位机构、旋转轴、开关动片、定片以及其他固定件组成。开关动片由铆接在轴上的绝缘体上的金属片制成，它能随开关旋转轴一起转动。固定在绝缘基体上不动的接触片叫做定片，定片可根据需要做成各种不同的数目，其中始终和开关动片相连的定片叫做"刀"，其他的定片称为"位"或者"掷"。图中的旋转式波段开关组件有 2 层，每层提供了 4 个挡位。

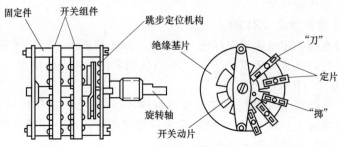

图 8-2　旋转式波段开关结构

旋转式波段开关置于某挡位时，信号一直是接通或断开的。按键式开关在按下去信号就接通，手松开按键时信号就会断开，或者相反。因此相应的 PMC 控制程序是不同的。

1. 采用波段开关时系统工作方式的 PMC 控制

下面以某数控铣床为例来说明采用波段开关时系统工作方式的 PMC 控制。该数控铣床采用一个三层八位的旋转式波段开关实现系统工作方式切换，波段选择开关每层一根共三根信号输入线连接到 PMC I/O 模块，信号地址分别为 X5.3、X5.4、X5.5。不同挡位位置与各输入信号状态对应关系见表 8-2，系统工作方式的 PMC 控制梯形图如图 8-3 所示。

表 8-2　选择开关挡位与各信号对应状态

选择开关挡位	X5.5	X5.4	X5.3
编辑	0	0	0
DNC	0	0	1
自动	0	1	0
MDI	0	1	1
手轮	1	0	0
点动	1	0	1
快速	1	1	0
回零	1	1	1

2. 采用系统标准操作面板时系统工作方式 PMC 控制

一数控铣床采用系统标准操作面板，系统工作方式的 PMC 程序如图 8-4 所示。

编辑方式：输入信号地址为 X4.1，输出信号（指示灯）地址为 Y4.1。

自动方式：输入信号地址为 X4.0，输出信号（指示灯）地址为 Y4.0。

DNC（又称远程运行）方式：输入信号地址为 X4.3，输出信号（指示灯）地址为 Y4.3。

手轮进给（又称手脉进给）方式：输入信号地址为 X6.7，输出信号（指示灯）地址为 Y6.7。

MDI（又称手动数据输入）方式：输入信号地址为 X4.2，输出信号（指示灯）地址

```
X0005.3   X0005.4   X0005.5                          R0521.6
 ─|/|─────|/|───────|/|──────────────────────────────( )──── EDIT MODE
MODSE1   MODSE2   MODSE3                               EDIT

X0005.3   X0005.4   X0005.5                          G0043.5
 ─| |─────|/|───────|/|──────────────────────────────( )──── DNC INPUT
MODSE1   MODSE2   MODSE3                               DNCI

X0005.3   X0005.4   X0005.5                          R0521.1
 ─|/|─────| |───────|/|──────────────────────────────( )──── MEMORY MODE
MODSE1   MODSE2   MODSE3                               MEM

X0005.3   X0005.4   X0005.5                          R0521.2
 ─| |─────| |───────|/|──────────────────────────────( )──── MDI MODE
MODSE1   MODSE2   MODSE3                               MDI

X0005.3   X0005.4   X0005.5                          R0521.3
 ─|/|─────|/|───────| |──────────────────────────────( )──── HANDLE MODE
MODSE1   MODSE2   MODSE3                               HANDLE

X0005.3   X0005.4   X0005.5                          R0520.5
 ─| |─────|/|───────| |──────────────────────────────( )──── JOG MODE
MODSE1   MODSE2   MODSE3                               JOG

X0005.3   X0005.4   X0005.5                          R0521.5
 ─|/|─────| |───────| |──────────────────────────────( )──── RAPID MODE
MODSE1   MODSE2   MODSE3                               RAPID

X0005.3   X0005.4   X0005.5                          R0521.0
 ─| |─────| |───────| |──────────────────────────────( )──── ZRN MODE
MODSE1   MODSE2   MODSE3                               ZRN

R0520.5                                               R0521.4
 ─| |─────┬──────────────────────────────────────────( )──── JOG&RAP&ZRN
JOG       │                                           J &R&Z
R0521.5   │
 ─| |─────┤
RAPID     │
G0043.7   │
 ─| |─────┘
ZRN

G0043.5   R0521.2                                     G0043.0
 ─| |─────|/|─────────────────────────────────────────( )──── MODE SELECT 1
DNCI      MDI                                          MD1
R0521.4   │
 ─| |─────┤
J &R&Z    │
R0521.6   │
 ─| |─────┤
EDIT      │
R0521.1   │
 ─| |─────┘
MEM

R0521.6   R0521.2                                     G0043.1
 ─| |─────|/|─────────────────────────────────────────( )──── MODE SELECT 2
EDIT      MDI                                          MD2

R0521.3   R0521.2                                     G0043.2
 ─| |─────|/|─────────────────────────────────────────( )──── MODE SELECT 4
HANDLE    MDI                                          MD4
R0521.4   │
 ─| |─────┘
J &R&Z

R0521.5                                               G0019.7
 ─| |─────────────────────────────────────────────────( )──── MANUAL RAPID
RAPID                                                  RT

R0521.0                                               G0043.7
 ─| |─────────────────────────────────────────────────( )──── ZERO POTNT RETURN
ZRN                                                    ZRN
```

图 8-3 系统工作方式的 PMC 控制梯形图（采用波段开关）

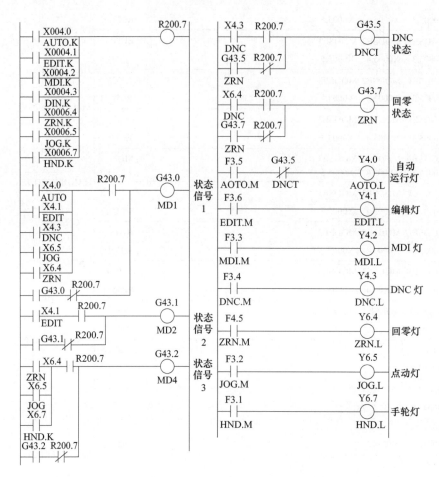

图 8-4 系统工作方式的 PMC 控制梯形图（采用按键开关）

为 Y4.2。

点动进给（又称手动连续进给）方式：输入信号地址为 X6.5，输出信号（指示灯）地址为 Y6.5。

返回参考点（又称回零）方式：输入信号地址为 X6.4，输出信号（指示灯）地址为 Y6.4。

信号 F3.6 表示系统处于编辑状态；信号 F3.5 表示系统处于自动运行状态；信号 F3.3 表示系统处于 MDI 状态；信号 F3.4 表示系统处于 DNC 状态；信号 F3.2 表示系统处于点动进给状态；信号 F3.1 表示系统处于手轮控制状态；信号 F4.5 表示系统处于返回参考点状态。

8.4 任务决策和实施

1. I/O Link 地址设定

在 MDI 面板上按下 "SYSTEM"，然后依次按下 [PMC] 软键→[EDIT] 软键→扩展键→[MODULE] 软键，进入地址设定画面，检查 I/O 地址设定情况。如果 I/O 地址未设定，则依照实训平台电气原理图进行 I/O 地址设定并保存。

2. 分配相关输入输出信号地址

根据前面 I/O 地址的设定情况，分配系统工作方式控制的相关输入/输出信号地址。本训练中，可采用实训平台电气原理图分配的相关信号地址。

3．编制梯形图程序

如果实训平台是采用旋转式波段开关进行系统工作方式切换的，可参考图 8-3 所示程序；如果实训平台采用的是标准操作面板，即系统工作方式切换是通过按键实现的，则参考图 8-4 所示程序。注意输入/输出信号地址按照实训平台的实际情况设定。

4．程序输入

依次按系统功能键"SYSTEM"→[PMC] 软键→扩展键→[EDIT] 软键→[LADDER]，进入 PMC 程序编辑画面，输入所编写的 PMC 程序。注意：如果系统里已经有 PMC 程序，则在第二级程序中输入编写的 PMC 程序，但应确保程序中无重复的线圈；如果系统里无 PMC 程序，则注意加上第一级程序和第二级程序的结束功能指令。程序输入完成后按左边的返回软键，出现"WRITE DATA TO FROM?"，按下 [EXEC] 软键，将程序写入 FROM。

5．线路连接（略）

6．通电调试

如果程序和接线正确，则 PMC 运行后，在机床操作面板进行工作方式切换操作时，系统显示器左下方出现如"EDIT""MDI"相应的字样显示，表明系统当前的工作方式。

8.5　检查和评估

检查和评分表如表 8-3 所示。

表 8-3　项目检查和评分表

序号	检查项目	要　求	评分标准	配分	扣分	得分
1	地址设定	1．正确完成输入/输出信号地址分配 2．正确进行地址设定后的保存操作	1．输入信号地址未设定或设定错误扣 10 分 2．输出信号地址未设定或设定错误扣 10 分 3．地址设定后未保存到 FROM 扣 10 分	20		
2	PMC 程序编制和输入	1．能够正确编制 PMC 程序 2．能进入系统 PMC 程序编辑画面，完成程序的输入和编辑	1．程序编写错误扣 20 分 2．程序输入后未写入到 FROM 扣 20 分	40		
3	线路连接	正确完成 PMC 电源和输入/输出信号的线路连接，实现控制要求	每发现一个线路出现错误扣 10 分，直至扣完该部分配分	30		
4	其他	1．操作要规范 2．在规定时间完成（40 分钟） 3．工具整理和现场清理	1．操作不规范每处扣 5 分，直至扣完该部分配分 2．超过规定时间扣 5 分，最长工时不得超过 50 分钟 3．未进行工具整理和现场清理者，扣 10 分	10		
			合　　计	100		
备注			考评员 签字		年　　月　　日	

课 后 练 习

1. 简述数控机床常用的几种工作状态及其作用。

2. 一数控机床采用波段开关进行系统工作状态转换，状态有 EDIT、MEM、MDI、HND、JOG、REF、RMT，快速手动时，是在手动方式（JOG）下通过同时按下点动轴和快速按钮来实现的，编制该机床工作方式的 PMC 控制程序。

任务 9 实现数控程序的运行控制

【任务描述】

在实训平台上完成 PMC 相关输入输出信号的连接和控制程序编制，实现数控程序的循环启动、进给保持、机床锁住、空运行、程序单段运行、程序段跳过等控制（实训平台上原有相关 PMC 程序事先已被删除）。

【相关知识】

9.1 数控机床加工程序功能开关的用途及相关信号

1. 程序循环启动运行

在存储器方式（MEM）、DNC 运行方式（RMT）或手动数据输入方式（MDI）下，若按下循环启动开关，则 CNC 进入自动运行状态并开始运行，同时机床上的循环启动灯点亮。系统循环启动信号为下降沿触发（信号 ST 从 1 变 0）。

循环启动信号（ST）为 G7.2，循环启动状态信号（STL）为 F0.5。

2. 程序进给保持

自动运行期间按下进给保持开关时，CNC 进入暂停状态并且停止运行。同时，循环启动灯灭。如再重新启动自动运行时，需按下循环启动按钮开关。

进给保持信号（*SP）为 G8.5，进给保持状态信号（SPL）为 F0.4。

3. 程序的空运转

在自动运行状态下，按下机床操作面板上的空运行开关，刀具按参数（各轴快移速度）中指定的速度移动，而与程序中指定的进给速度无关。快速移动倍率开关也可以用来更改机床的移动速度。

该功能用来在机床不装工件时检查刀具的运动，或通过坐标值的偏移功能（车床是 X 轴坐标值的偏移、数控立式铣床或立式加工中心是 Z 轴坐标值的偏移）来检查刀具的运动。

程序空运转信号（DRN）为 G46.7，程序空运转状态信号（MDRN）为 F4.7。

4. 程序单段运行

按下单程序段方式开关进入单程序段工作方式。在单程序段方式中按下循环启动按钮，刀具在执行完一段程序后停止。通过单段方式一段一段地执行程序，可仔细检查程序。程序单段信号（SBK）为 G46.1，程序单段状态信号（MSBK）为 F4.3。

5. 程序再启动运行

该功能用于加工中刀具出现断裂或者公休后重新启动程序。程序的重新启动有两种方法：P 型和 Q 型（由系统参数设定）。P 型操作可以在任意地方重新启动，这种方法用于刀具破坏的重新启动；Q 型操作时，重新启动之前刀具必须移动到程序的起始点（加工起始点）。

程序再启动信号（SRN）为 G6.0，程序再启动状态信号（SRNMV）为 F2.4。

6. 程序段跳过

在自动运行状态下，当操作面板上的程序段选择跳过开关接通时，有斜杠（/）的程序段将被忽略。

程序段跳过信号（BDT1）为 G44.0，程序段跳过状态信号（MBDT1）为 F4.0。

7. 程序选择停

在自动运行时，当加工程序执行到 M01 指令的程序段后也会停止。这个代码仅在操作面板上的选择停止开关处于通的状态时有效。

8. 机床锁住

在自动运行状态下，按下机床操作面板上的机床锁住开关，执行循环启动时，刀具不移动，但是显示器上每个轴运动的位移在变化，就像刀具在运动一样。系统有两种类型的机床锁住：所有轴的锁住（停止所有轴的运动）和指定轴的锁住（如立式数控铣床或立加工中心是 Z 轴锁住）。在机床锁住的状态下，可以执行 M、S、T 和 G 指令。

机床所有轴锁住信号（MLK）为 G44.1，机床每个轴锁住信号（MLK1～MLK4）为 G108.0、G108.1、G108.2、G108.3。机床所有轴锁住状态信号（MMLK）为 F4.1。

9. 程序辅助功能的锁住

程序运行时，禁止执行 M、S、T 指令。一般与机床锁住功能一起使用，用于检查程序是否编制正确。M00、M01、M02、M30、M98 和 M99 指令即使在辅助功能锁住的状态下也能执行。

辅助功能锁住信号（AFL）为 G5.6。

数控机床操作面板上的加工程序功能开关如图 9-1 所示。

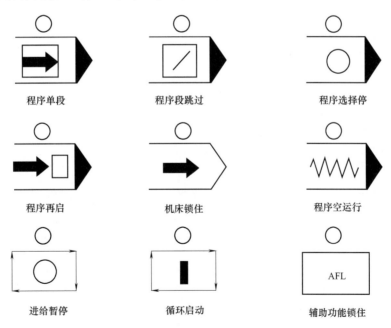

图 9-1　数控机床程序运行控制开关（标准面板）

9.2　操作面板加工程序功能开关的 PMC 控制

以某数控铣床为例，说明操作面板加工程序功能开关的 PMC 控制。在该机床上，程序循环启动按钮的输入地址为 X6.1，程序循环启动指示灯的输出地址为 Y6.1。程序进给保持按钮的输入地址为 X6.0，程序进给保持指示灯的输出地址为 Y6.0。机床锁住按钮的输入地址为 X5.1，机床锁住指示灯的输出地址为 Y5.1。程序单段按钮的输入地址为 X4.4，程序单段指示灯的输出地址为 Y4.4。程序段跳过按钮的输入地址为 X4.5，程序段跳过指示灯的输出地址为 Y4.5。程序再启动按钮的输入地址为 X5.0，程序再启动指示灯的输出地址为 Y5.0。程序空运行按钮的输入地址为 X5.2，程序空运行指示灯的输出地址为 Y5.2。程序辅助功能锁住按钮的输入地址为 X5.3，程序辅助功能锁住指示灯的输出地址为 Y5.3。程序选择停按钮的输入地址为 X4.6，程序选择停指示灯的输出地址为 Y4.6。

图 9-2 中，循环启动按钮开关按下（X6.1 为 1）时，系统循环启动信号 G7.2 为 1，当松开循环启动按钮（X6.0 为 0）时，系统循环启动信号由 1 变成 0（信号的下降沿），系统执行自动加工，同时系统的循环启动状态信号 F0.5 变为 1。程序自动运行中，按下进给暂停按钮（X6.0 常闭点断开），系统进给暂停信号 G8.5 变为 0，程序停止运行，同时系统进给暂停状态信号 F0.4 为 1，当系统暂停状态信号为 1 时，系统的循环启动状态信号为 0。机床锁住、程序单段、程序段跳过、程序再启动、程序空运行、辅助功能锁住及程序选择停功能开关的 PMC 控制逻辑关系是相同的，只是信号的地址不同。下面以机床锁住功能开关为例，分析程序功能开关的 PMC 具体控制过程。当机床锁住功能开关 X5.1 按下，通过继电器 R200.0 和 R200.1 获得一个扫描周期的脉冲信号（R200.0），继电器 R200.0 的常开点闭合，机床锁住信号 G44.1 和机床锁住状态指示灯 Y5.1 为 1 并自保（松开机床锁住按钮时信号维持 1 不变）。当再次按下机床锁住按钮时，通过继电器 R200.0 的常闭点拉断机床锁住状态信号 G44.1 的自保回路，机床解除轴锁住状态，松开按钮后，机床锁住状态信号

图 9-2　数控机床程序运行控制的 PMC 梯形图

G44.1 保持不变，仍然维持 0 状态。

9.3 任务决策和实施

1. I/O Link 地址设定

在 MDI 面板上按下 "SYSTEM"，然后依次按下 ［PMC］软键→［EDIT］软键→扩展键→［MODULE］软键，进入地址设定画面，检查 I/O 地址设定情况。如果 I/O 地址未设定，则依照实训平台电气原理图进行 I/O 地址设定并保存。

2. 分配数控加工程序运行控制的相关输入/输出信号地址

根据前面 I/O 地址的设定情况，分配程序运行控制相关输入/输出信号地址。本训练中，可采用实训平台电气原理图分配的相关信号地址。

3. 编制梯形图程序

可参考图 9-2 所示程序。注意输入/输出信号地址按照实训平台的实际情况设定。

4. 程序输入

依次按系统功能键 "SYSTEM"→［PMC］软键→扩展键→［EDIT］软键→［LADDER］，进入 PMC 程序编辑画面，输入所编写的 PMC 程序，完成后按左边的返回软键，出现 "WRITE DATA TO FROM?" 按下 ［EXEC］软键，将程序写入 FROM。

5. 线路连接

若相关输入输出信号采用实训平台电气原理图分配的信号地址，则按电气原理图完成相关输入/输出信号的连接。

9.4 检查和评估

检查和评分表如表 9-1 所示。

表 9-1 项目检查和评分表

序号	检查项目	要 求	评 分 标 准	配分	扣分	得分
1	地址设定	1. 正确完成输入/输出信号地址分配 2. 正确进行地址设定后的保存操作	1. 输入信号地址未设定或设定错误扣 10 分 2. 输出信号地址未设定或设定错误扣 10 分 3. 地址设定后未保存到 FROM 扣 10 分。	20		
2	PMC 程序编制和输入	1. 能够正确编制 PMC 程序 2. 能进入系统 PMC 程序编辑画面，完成程序的输入和编辑	1. 程序编写错误扣 20 分 2. 程序输入后未写入到 FROM 扣 20 分	40		
3	线路连接	正确完成 PMC 电源和输入、输出信号的线路连接，实现控制要求	每发现一个线路出现错误扣 10 分，直至扣完该部分配分	30		
4	其他	1. 操作要规范 2. 在规定时间完成(40 分钟) 3. 工具整理和现场清理	1. 操作不规范每处扣 5 分，直至扣完该部分配分 2. 超过规定时间扣 5 分，最长工时不得超过 50 分钟 3. 未进行工具整理和现场清理者，扣 10 分	10		
			合 计	100		
备注			考评员签字			
					年 月 日	

9.5　知识拓展——"FAPT LADDER-Ⅲ" 传输软件的使用

FAPT LADDER-Ⅲ是在 Windows 95/98、Windows 2000、Windows XP 环境下运行的
FANUC PMC 程序的开发系统软件。

1. FAPT LADDER-Ⅲ 软件的主要功能

① 输入、输出、显示、编辑 PMC 程序。

② 监控及调试 PMC 程序。

③ 设定和显示 PMC 参数。

④ 运行和停止 PMC 程序。

⑤ 打印 PMC 程序。

2. FAPT LADDER-Ⅲ 软件的工作方式

（1）离线方式

在与 PMC 不通信的状态下编辑程序。包括 PMC 程序的编写、修改、传送、打印等。
FANUC-0iA 系统只能在离线方式下进行 PMC 程序的传送。

（2）在线方式

在与 PMC 通信的同时进行程序的编辑和监视，包括 PMC 程序的监视、在线编辑、
PMC 信号状态显示等。FANUC-0iB/0iC/0iD 在离线方式和在线方式下均可以传送 PMC
程序。

3. 使用 FAPT LADDER-Ⅲ 软件进行 PMC 在线传输操作

（1）CNC 端的设置

① 把 CNC 置于紧急停机状态或 MDI 方式，在 CNC 的 SETING 画面上把系统写保护参
数 PWE 设为 1

② 在 PMC 参数（PMCPRM）的设定（SETING）画面上把"编程器有效"（PRO-
GRAMMER ENABLE）置 1。

③ 依次按"SYSTEM"→[PMC] 软键→系统扩展键→[MONIT] 软键→[MONIT] 软
键，显示如图 9-3 所示在线监控设定画面。

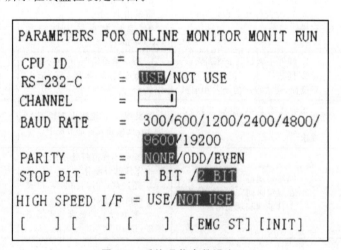

图 9-3　系统通信参数设定

在图 9-3 所示画面设定在线传输参数。

CPU ID：系统默认值。

RS-232-C：用 RS-232-C 接口进行通信时，设置为 USE（使用）。

CHANNEL：传输通道的选择，用系统的 JA5A 或 JD36A 时，设为"1"。

BAUD RATE：传输波特率设定，如设定为 9600。

PARITY：奇偶校验的检查，如不进行奇偶校验检查时设为 NONE。

STOP BIT：停止位，如选择停止位为 2 BIT（2 位）。

HIGH SPEED I/F：高速通信接口是否使用，如果采用以太网（Ethernet）进行通信时，把高速接口设为 USE（使用）。

（2）PC 端的设定

① 打开 LADDER-Ⅲ软件，在新建文件中，建立一个新文件名，选择与系统相同的 PMC 类型（如 PMC-SA1），然后按确定键，如图 9-4 所示。

② 点击 PC 的选项栏的"Ladder"（梯形图）→"Programer Mode"（编程器方式）→"Online"（在线），选择在线工作方式，如图 9-5 所示。

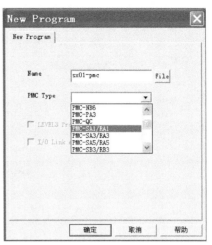

图 9-4　新建一个 PMC 程序

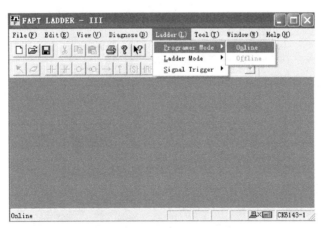

图 9-5　编程器工作方式确定

③ 没有与 PMC 进行通信时，显示如图 9-6 所示的对话框，确认已连接在线电缆，点击"是（Y）"，出现图 9-7 所示画面。

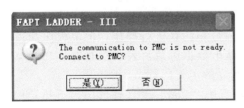

图 9-6　是否连接对话框

图 9-7　添加通信设备对话框

④ 在图 9-7 中按确定键，出现图 9-8 所示通信设定画面，按"Add"按键，选择使用设备（如选择 COM1）。根据需要，按"Setting"键，设定相关通信参数，注意与 CNC 端设

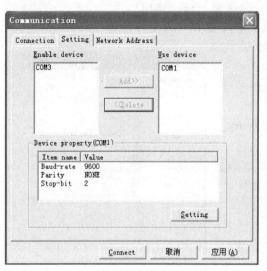

图 9-8　通信设备和通信参数设定

定一致。

⑤ 按 "Connect"（连接）按键，进行计算机与系统的通信连接。如果系统通信电缆的连接和在线通信设定正确，则会出现如图 9-9 所示的动态连接画面。若不出现动态连接画面，则需要检查通信电缆和通信参数。

⑥ 如果是把系统的 PMC 程序传输到计算机时，则选择 Load from PMC，如图 9-10 所示。如果把计算机存储的 PMC 程序传输到系统时，则选择 Story to PMC。按 "下一步（N）" 按键。

⑦ 在如图 9-11 所示画面中确定 PMC 传输内容。如果传输的内容是梯形图时，则选择 Ladder，传输 PMC 梯形图和 C 语言时，选择 ALL。按 "下一步（N）" 按键。

⑧ PMC 程序传输内容和方式的确定画面如图 9-12 所示。按 "完成" 键，则出现图 9-13 所示的动态在线传输画面。

图 9-9　计算机与系统通信建立

图 9-10　PMC 程序传输方式的确定

⑨ 在线传输 PMC 程序后，出现图 9-14 所示的程序反编译画面，选择是否使用源文件或目标码中的符号和注释。第一项为不选择：表示将现存的源文件的内容全部抹掉，写上目标码的内容。第二项为源数据有效：表示只对符号和注释进行操作，把源程序和目标码合并，符号相同时按源程序的定义。第三项为存储卡数据有效：表示只对符号和注释进行操作，把源程序和目标码合并，符号相同时按源程序的定义。

如果在在线方式对 PMC 程序进行修改，则点击 "Ladder"（梯形图）下拉菜单，如图 9-15 所示。从中可以看出当前状态为 "Monitor"（监控）模式，将当前状态改为 "Editor"（编辑）模式就可对梯形图进行修改了。修改完毕后，重新将状态为 "Monitor"（监控）模式，此时会弹出对话框提示梯形图已经修改，是否对 CNC 中的梯形图进行修改，单击 "YES" 后，会再次确认是否继续修改 PC 以及 CNC 侧的梯形图，单击 "确定" 后，即完成在线修改。

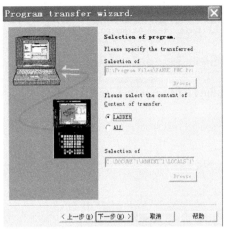

图 9-11　选择通信内容画面

图 9-12　传输内容和方式确定画面

图 9-13　动态在线传输画面

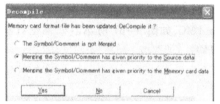

图 9-14　程序传输后的反编译画面

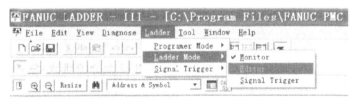

图 9-15　监控和编辑模式切换

4. PMC 程序存储卡格式和 LADDER-Ⅲ 格式的转换

通过存储卡备份的 PMC 程序称之为存储卡格式的 PMC（Memory-card Format File）。由于其为机器语言格式，不能由计算机的 LADDER-Ⅲ 直接识别和读取以进行编辑，所以必须进行格式转换。同样，用 LADDER-Ⅲ 软件编写的程序需要通过存储卡回装到数控系统时，也需把 LADDER-Ⅲ 格式的程序转换成存储卡格式，否则系统不识别。

（1）存储卡格式转换成 LADDER-Ⅲ 格式

① 启动 LADDER-Ⅲ，建立一个新文件名，选择 PMC 类型（如 PMC-SA1）并确保该类型与存储卡所备份 PMC 类型相同，然后按确定键，出现如图 9-16 所示画面。

② 选择"File"（文件）中的"Import"（导入），软件会提示导入的源文件格式，选择 M-CARD 格式，然后按"下一步"键，如图 9-17 和 9-18 所示。

③ 通过浏览窗口选择所要转换的存储卡格式的文件，如图 9-19 所示。按照软件提示的默认操作一步步执行，即可将 M-CARD 格式的 PMC 程序转换成 LADDER-Ⅲ 格式文件，这样就可以在计算机上进行编辑操作了。

（2）LADDER-Ⅲ 格式转换成存储卡格式

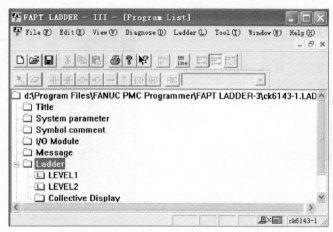

图 9-16 新建 PMC 程序

图 9-17 导入 PMC 程序

图 9-18 选择存储卡格式

当把 LADDER-Ⅲ格式（.LAD）的 PMC 程序转换成存储卡格式的文件后，可以将其存储到存储卡上，通过存储卡装载到 CNC 中，而不用外部通信工具（例如 RS-232C 或网线）

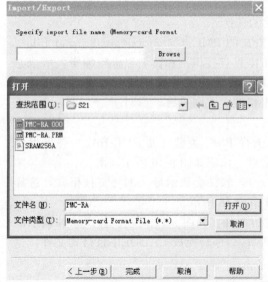

图 9-19 选择存储卡格式的文件

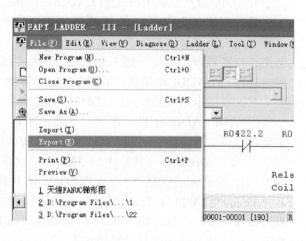

图 9-20 导出 PMC 程序

进行传输。

① 在 LADDER-Ⅲ 软件中打开要转换的 PMC 程序，选择"File"（文件）中的"Export"（导出），如图 9-20 所示。

② 软件会提示导出的文件类型，选择 M-CARD 格式，按照软件提示的默认操作即可得到转换了格式的 PMC 程序。

课 后 练 习

1. 说明 F0.5、F0.7 两个信号的含义。

2. 当进给暂停信号（G8.5）一直处于"0"时，按循环启动按键，能否启动自动运行？

3. 如何把编制好的 PMC 程序（LADDER-Ⅲ 格式）通过存储卡装到系统中？

任务 10 实现数控机床倍率开关的功能

【任务描述】

在实训平台上完成 PMC 相关输入/输出信号的连接和控制程序编制，实现数控机床的进给速度和点动速度倍率、主轴速度倍率、手轮和快速移动倍率等控制（实训平台上原有相关 PMC 程序事先已被删除）。

【相关知识】

10.1 数控机床操作面板倍率开关的功能及倍率信号地址

1. 切削进给速度倍率信号

用户可以通过进给倍率开关选择百分率（%）来增加或减少机床切削进给速度。例如，当在程序中指定的进给速度为 100mm/min（F＝100）时，将倍率设定为 50%，则机床以 50mm/min 的速度移动。

切削进给速度倍率信号为 8 位信号，地址为 G12，负逻辑信号（即为 0）有效。该信号值与倍率的关系如表 10-1 所示。

表 10-1 G12 信号状态与切削进给速度倍率对应关系

G12 信号状态	切削进给速度倍率	G12 信号状态	切削进给速度倍率
11111111	0%	10011011	100%
11111110	1%	…	…
11111101	2%	00000001	254%
11111100	3%	00000000	0%
…	…		

切削进给速度倍率以 1% 为单位进行选择，倍率值在范围 0～254% 内。

2. 手动进给速度倍率信号

手动速度倍率信号为 16 位信号，地址为 G10、G11，负逻辑信号（即为 0）有效。以 0.01% 为单位，倍率值在 0～655.34% 的范围内。该信号值与倍率的关系如表 10-2 所示。

各轴手动进给的基准速度（倍率为 100%）由轴型参数 1423 设定。如参数 1423 设定各轴的基准速度为 1000mm/min，当手动倍率为 200% 时，手动进给速度为 2000mm/min。

手动倍率和切削进给速度倍率通常共用一个倍率开关控制，如图 10-1 所示。

表 10-2　G10、G11 信号状态与手动速度倍率对应关系

G10 信号状态	切削进给速度倍率	G11 信号状态	切削进给速度倍率
1111111111111111	0.00%	1101100011101111	100.00%
1111111111111110	0.01%	...	...
1111111111111101	0.02%	0000000000000001	655.34%
1111111111111100	0.03%	0000000000000000	0.00%
...	...		

3. 主轴倍率信号

通过进给倍率开关选择百分率（%）来增加或减少机床主轴速度。例如，当在程序中指定主轴速度为 1000r/min（S=1000）时，将主轴倍率开关选择在 50%，则机床主轴的实际转速为 500r/min。但在进行攻螺纹循环加工或螺纹切削时，主轴倍率无效（强制为 100%）。

主轴倍率信号为 8 位信号，地址为 G30，以 1% 为单位进行选择，倍率值在范围 0～254% 内。主轴速度倍率开关如图 10-2 所示。

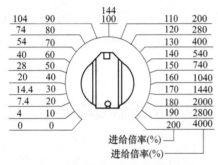

图 10-1　进给速度和手动倍率开关

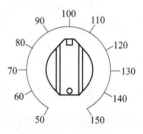

图 10-2　主轴速度倍率开关

4. 快移速度倍率信号

快速移动包括自动运行中的快速移动（G00 移动速度、固定循环的定位等）和手动方式下的快速移动。快移速度的基准速度（倍率 100% 时）是在系统参数中设定的：自动运行中的快速移动（G00）基准速度由参数 1420 设定；手动快速则由参数 1424 设定，当参数 1424 设定值为 0 时，手动快速使用参数 1420 的设定值。

快速移动速度倍率为 F0、25%、50% 和 100%，其中 F0 由系统参数 1421 设定。快移速度倍率信号地址为 G14.0（ROV1）、G14.1（ROV2）。信号值与倍率的关系如表 10-3 所示。

表 10-3　G14.1、G14.0 信号状态与快速移动速度倍率对应关系

G14.1(ROV2)	G14.0(ROV1)	快速移动速度倍率	备　注
1	1	F0	参数 1421 设定
1	0	25%	
0	1	50%	固　定
0	0	100%	

快速移动速度倍率开关如图 10-3 所示。

5. 手轮倍率信号

手轮倍率为 ×1（0.001mm）、×10（0.01mm）、×M、×N 四挡，其中 M、N 分别由系统参数 7113 和 7114 设定。通常 7113 设为 100，7114 设为 0，这时手轮倍率有三个挡位 ×

1（0.001mm）、×10（0.01mm）、×100（0.1mm）。手轮速度倍率信号地址为 G19.4（MP1）、G19.5（MP2）。信号值与倍率的关系如表 10-4 所示。

表 10-4　G19.5、G19.4 信号状态与快速移动速度倍率对应关系

G19.5(MP2)	G19.4(MP1)	手轮速度倍率	备　注
0	0	×1	固定
0	1	×10	
1	0	×M	参数 7113 设定
1	1	×N	参数 7114 设定

手轮速度倍率开关如图 10-4 所示。

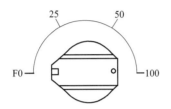

图 10-3　快速移动速度倍率开关

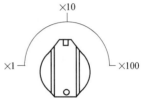

图 10-4　手轮速度倍率开关

10.2　倍率开关的 PMC 控制

下面以一数控机床的进给倍率为例，分析倍率开关的 PMG 控制过程。该机床的进给倍率开关不仅控制自动运行（MEM、MDI、DNC）的进给速度的倍率（程序中进给速度的百分比），而且同时控制点动连续进给（JOG）的速度（手动连续进给速度为 mm/min）。具体 PMC 控制梯形图如图 10-5 所示。

1．相关 PMC 功能指令说明

（1）MOVE 指令

该指令的作用是把比较数据（梯形图中写入的）和处理数据（数据地址中存放的）进行逻辑"与"运算，并将结果传输到指定地址，也可用于将指定地址里不需要的 8 位信号屏蔽。指令格式和应用例子如图 10-6 所示。

MOVE 指令格式如图 10-6（a）所示。

当 ACT=0 时，MOVE 指令不执行；当 ACT=1 时，MOVE 指令执行。输入数据（1 个字节）与比较数据的高、低 4 位数据（0 或 1）进行逻辑"与"运算，并把运算结果数据传送到输出数据地址中。

图 10-6（b）中，当 R600.6=1 时，将 R100 地址中数据原样送到 R101 地址中。

（2）CODB 指令

该指令是用二进制码指定数据表内的号，将与输入的表内号对应的 1 字节、2 字节、4 字节的数值输出。指令格式和应用例子如图 10-7 所示。

CODB 指令格式如图 10-7（a）所示，主要包括以下几项。

错误输出复位（RST）：RST=0 时，取消复位（输出 W1 不变）；RST=1 时，转换数据错误，输出 W1 为 0（复位）。

执行条件（ACT）：ACT=0 时，不执行 CODB 指令；ACT=1 时，执行 CODB 指令。

数据格式指定：指定转换数据表中二进制数据的字节数，0001 表示 1 个字节二进制数；0002 表示 2 个字节二进制数；0004 表示 4 个字节二进制数。

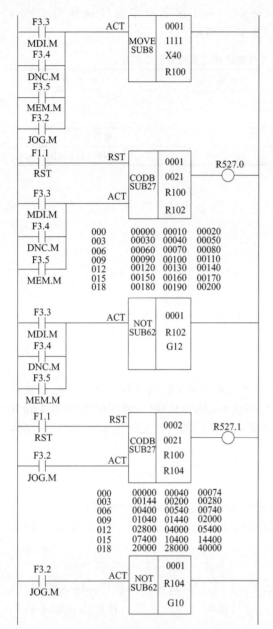

图 10-5　进给速度和点动速度倍率的
PMC控制梯形图

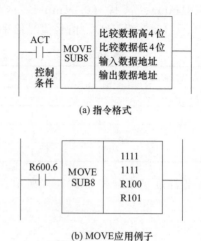

(a) 指令格式

(b) MOVE 应用例子

图 10-6　MOVE 指令格式和应用例子

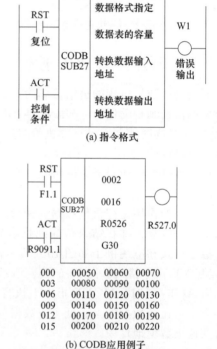

(a) 指令格式

(b) CODB 应用例子

图 10-7　CODB 指令格式和应用例子

　　数据表的容量：指定转换数据表的范围（0～255），数据表的开头为 0 号，数据表的最后单元为 n，则数据表的大小为 $n+1$。

　　转换数据输入地址：指定转换数据所在数据表的表内地址，一般可通过机床面板的开关来设定该地址的内容。

　　转换数据输出地址：指定数据表内的 1 个字节、2 个字节或 4 个字节的二进制数据转换后的输出地址。

　　错误输出（W1）：在执行 CODB 指令时，如果转换输入地址出错（如转换地址数据超过了数据表的容量），则 W1 为 1。

图 10-7（b）中，若 R0526 地址中的数为 0，则通过 CODB 指令将数据表的 0 号数据即 50 输出到 G30 地址中。

（3）NOT 指令

NOT 指令的作用是对指定地址的数据进行逻辑"非"（"1"和"0"求反）运算，并把运算结果写入被指定的输出地址。指令格式和应用例子如图 10-8 所示。

(a) 指令格式　　　　　　　　　　(b) NOT 应用例子

图 10-8　NOT 指令格式和应用例子

NOT 指令格式如图 10-8（a）所示，主要包括以下几项。

执行条件（ACT）：ACT＝0 时，不执行 NOT 指令；ACT＝1 时，执行 NOT 指令。

数据格式指定：指定被运算数据的字节数，0001 表示 1 个字节；0002 表示 2 个字节；0004 表示 4 个字节。

被运算数据地址：被逐位取反的输入数据地址。

结果输出地址：用来输出 NOT 运算结果的地址。

图 10-8（b）中，若 R100 地址中的数为 00001111，则通过 NOT 运算，R101 地址中的数为 11110000。

2. PMC 控制梯形图说明

图 10-5 中，倍率开关的输入信号地址为 X40.0、X40.1、X40.2、X40.3、X40.4，以二进制代码形式组成 21 种状态，通过倍率开关信号线的连接确保其与倍率开关各挡位对应关系如表 10-5 所示。

表 10-5　倍率开关输入信号状态与开关挡位对应关系

X40.4	X40.3	X40.2	X40.1	X40.0	挡位（进给倍率/手动速度）
0	0	0	0	0	第 1 挡（0%/0）
0	0	0	0	1	第 2 挡（10%/4）
0	0	0	1	0	第 3 挡（20%/7.4）
0	0	0	1	1	第 4 挡（30%/14.4）
…					
1	0	1	0	0	第 21 挡（200%/4000）

倍率开关的输入信号状态通过逻辑与传输指令 MOVE 发送到继电器 R100 中。F3.2、F3.3、F3.4、F3.5 分别为系统的点动连续进给、手动数据输入（MD1）、在线加工（DNC）及自动运行（MEM）状态信号，该类信号作为功能指令的选通条件。通过代码转换指令 CODB 把开关位置指定表格的数据转换成二进制数值，分别传送到继电器 R102（进给速度倍率）、R104（点动连续进给速度）中。由于系统的进给倍率和点动进给速度信号（二进制代码）为负逻辑控制，所以还需要通过逻辑非指令 NOT 分别把继电器 R102、R104 数值转换后输送到系统进给倍率信号 G12 和系统点动连续进给速度信号 G10 中，从而完成系统 PMC 控制。

如当将倍率开关置于第三挡位（进给倍率 20%）时，X40 地址低五位（X40.4、

X40.3、X40.2、X40.1、X40.0）状态为00010，经过逻辑与传输指令MOVE处理，将X40地址中的高三位置0，保留低五位（00010），并传送到R100中。这时R100状态为00000010，即十进制的2。通过代码转换指令CODB把R100所指向的数据表中的数，即位于表中第2号的20（二进制为00010100）送到R102中。通过逻辑非指令NOT将R102状态取反送到G12，G12状态为11101011，即进给倍率为20％。同理，手动倍率为0.74％，若手动基准速度（系统参数1023设定）为1000mm/min时，则此时手动速度为7.4mm/min。

10.3 任务决策和实施

1. I/O Link地址设定

在MDI面板上按下"SYSTEM"，然后依次按下［PMC］软键→［EDIT］软键→扩展键→［MODULE］软键，进入地址设定画面，检查I/O地址设定情况。如果I/O地址未设定，则依照实训平台电气原理图进行I/O地址设定并保存。

2. 分配倍率控制相关输入/输出信号地址

根据前面I/O地址的设定情况，分配倍率控制相关输入/输出信号地址。本训练中，可采用实训平台电气原理图分配的相关信号地址。

3. 编制梯形图程序

进给速度、手动速度倍率及主轴倍率的PMC控制程序可参考图10-5所示程序，注意输入输出信号地址按照实训平台的实际情况设定。

如果实训平台的PMC类型为SA1版本，则无NOT功能指令。PMC程序编制可参考图10-9所示梯形图。

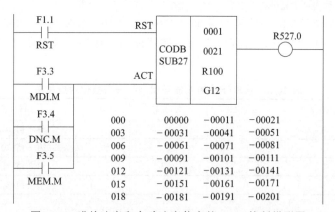

图10-9 进给速度和点动速度倍率的PMC控制梯形图

图10-9中，数据表中数据为负数。负数是通过二进制补码表示的，其补码为正数的反码加1。如-11的补码为11110101，与10的反码（11110101）是一致的，因此当R100地址中的数据为1时，将-11送到G12中，G12为11110101，则进给速度倍率为10％。

4. 程序输入

依次按系统功能键"SYSTEM"→［PMC］软键→扩展键→［EDIT］软键→［LADDER］，进入PMC程序编辑画面，输入所编写的PMC程序，完成后按左边的返回软键，出现"WRITE DATA TO FROM?"按下［EXEC］软键，将程序写入FROM。

5. 线路连接

若相关输入/输出信号采用实训平台电气原理图分配的信号地址，则按电气原理图完成相关输入/输出信号的连接。

6. 通电调试（略）

10.4 检查和评估

检查和评分表如表 10-6 所示。

表 10-6 项目检查和评分表

序号	检查项目	要 求	评 分 标 准	配分	扣分	得分
1	地址设定	1. 正确完成输入输出信号地址分配 2. 正确进行地址设定后的保存操作	1. 输入信号地址未设定或设定错误扣 10 分 2. 输出信号地址未设定或设定错误扣 10 分 3. 地址设定后未保存到 FROM 扣 10 分	20		
2	PMC 程序编制和输入	1. 能够正确编制 PMC 程序 2. 能进入系统 PMC 程序编辑画面,完成程序的输入和编辑	1. 程序编写错误扣 20 分 2. 程序输入后未写入到 FROM 扣 20 分	40		
3	线路连接	正确完成 PMC 电源和输入/输出信号的线路连接,实现控制要求	每发现一个线路出现错误扣 10 分,直至扣完该部分配分	30		
4	其他	1. 操作要规范 2. 在规定时间完成(40 分钟) 3. 工具整理和现场清理	1. 操作不规范每处扣 5 分,直至扣完该部分配分 2. 超过规定时间扣 5 分,最长工时不得超过 50 分钟 3. 未进行工具整理和现场清理者,扣 10 分	10		
备注			合 计	100		
			考评员签字			
				年 月 日		

课 后 练 习

1. 当 G12＝11110101、G30＝00101000 时，机床进给倍率和主轴倍率分别为多少？

2. 某数控铣床采用手持式脉冲编码器控制，手轮控制轴选择开关和手轮倍率选择开关如图 10-10 所示。该机床第 1 轴至第 4 轴的手轮选择轴输入信号分别为 X2.0、X2.1、X2.2、X2.3，手轮倍率选择输入信号分别为 X2.4、X2.5、X2.6、X2.7。完成相关参数设定，并编制 PMC 梯形图，实现手持脉冲编码器的控制。

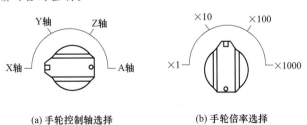

(a) 手轮控制轴选择　　　　(b) 手轮倍率选择

图 10-10　手持式脉冲编码器面板控制开关

任务 11 实现数控机床 M 代码的控制功能

【任务描述】

在实训平台上完成 PMC 相关输入/输出信号的连接和控制程序编制，实现数控机床 M00～M09 等 M 代码的控制功能（实训平台上原有相关 PMC 程序事先已被删除）。

【相关知识】

11.1 数控机床标准 M 代码的功能和使用说明

数控机床的辅助功能代码包括 M 代码、T 代码及 S 代码。M 代码用来指定主轴的正转、反转、停止及主轴定向停止，冷却液的供给和关闭，工件或刀具的加紧和松开，刀具自动更换等功能的控制。表 11-1 为国际标准 M 代码的功能。当然机床厂家根据机床具体控制情况编写辅助功能 M 代码，如主轴换挡功能、工作台的交换功能等。

表 11-1 数控机床标准辅助功能代码 M 代码的功能

M 代码	功　　能	用　　途
M00	程序停	中断程序执行指令。程序段内的动作完成后，主轴及冷却停止。这以前的状态信息被保护，按循环启动按钮时可重新启动程序运行
M01	程序选择停	只要操作者接通机床操作面板上的选择停按钮，就可进行与程序停相同的动作。选择停按钮断开时，此指令被忽略
M02	程序结束	加工程序结束指令。在完成该程序段的动作后，主轴及冷却停止，控制装置和机床复位
M03	主轴正转	驱动主轴正转旋转指令
M04	主轴反转	驱动主轴反转旋转指令
M05	主轴停	主轴停止指令
M06	换刀	执行换刀指令。有的数控机床为调换刀执行的指定宏程序
M07	冷却 1 开	打开冷却（冷却液）指令
M08	冷却 2 开	打开冷却（喷雾）指令
M09	冷却关	关闭冷却指令
M19	主轴定向停止	使主轴在预定角度停止的指令
M29	刚性攻螺纹	用主轴和进给电动机进行插补攻螺纹加工。在攻螺纹循环（G84）或逆攻螺纹循环（G74）之前指令
M30	程序结束	指示加工程序结束指令。在完成该程序段的动作后，主轴及冷却停止，控制装置和机床复位。程序自动回到程序的开头
M98	子程序调用	调用系统内存的子程序
M99	子程序结束	回到调用系统内存子程序的程序段的下一个程序段
M198	子程序调用	调用系统外设（如外接计算机）的子程序
M199	子程序结束	回到调用系统外设子程序的程序段的下一个程序段

通常，在 1 个程序段中只能指定 1 个 M 代码。但是，在某些情况下，对某些类型的机床最多可指定 3 个 M 代码（将系统参数 3404♯7 设定为"1"）。在同一个程序段中指定的多个 M 代码（最多 3 个）被同时输出到机床，这意味着与通常的一个程序段中仅有一个 M 指令相比较，在加工中可实现较短的循环时间。系统通过 PMC 的译码后（第 1 个、第 2 个、第 3 个 M 代码输出的信号地址是不同的）同时输出到机床侧执行。

在一个程序段中同时指定了移动指令和辅助功能代码 M 码时，系统处理有两种情况：第一种是移动指令与 M 代码指令同时被执行，如"G00 X0 Y0 Z50. M03 S800"。第二种是移动指令结束后才能执行 M 代码指令，如"G01 X100. Y50. F200 M05"。两种情况的具体控制选择是由系统编制 M 代码译码或执行 M 代码（PMC 控制梯形图）时分配结束信号 DEN（F1.3）决定的。

即使机床辅助功能锁住信号 AFL（G5.6）有效，辅助功能 M00、M01、M02 和 M30 也可执行，所有的代码信号、选通信号和译码信号按正常方式输出，辅助功能 M98 和 M99 仍按正常方式执行，但在控制单元中执行的结果不输出。

11.2 M 代码控制时序

系统读到程序中的 M 码指令时，就输出 M 代码指令的信息。M 代码信息输出地址为 F10～F13（4 个字节二进制代码）。通过系统读 M 代码的延时时间 TMR（系统参数设定，标准设定时间为 16ms）后系统输出 M 代码选通信号 MF（F7.0）。当系统 PMC 接收到 M 代码选通信号后，执行 PMC 译码指令，把系统的 M 代码信息译成某继电器为 1（开关信号），通过是否加入分配结束信号 DEN（F1.3）实现移动指令和 M 代码是否同时执行。M 功能执行结束后，把辅助功能结束信号 FIN（G4.3）送到 CNC 系统中。当系统接收到 PMC 发出的辅助功能结束信号 FIN 后，经过辅助功能结束延时时间 TFIN（系统参数设定，标准设定时间为 16ms），切断系统 M 代码选通信号 MF。当系统 M 代码选通信号 MF 断开后，切断系统辅助功能结束信号 FIN，然后系统切断 M 代码指令输出信号，系统准备读取下一条 M 代码指令。具体 M 代码控制时序如图 11-1 所示。

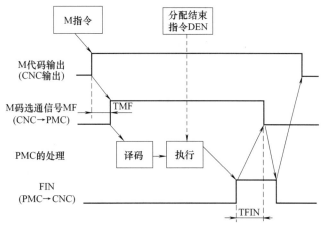

图 11-1　M 代码控制时序图

11.3 M 代码 PMC 控制

下面以某数控铣床主轴正反转、冷却液开启和关断控制为例，分析 M 代码的 PMC 控制过程。PMC 控制梯形图如图 11-2 所示。

1. 译码指令说明

数控机床在执行加工程序中的 M、S、T 代码时，CNC 装置以 BCD 或二进制代码形式输出 M、S、T 代码信号。这些信号需要经过译码才能从 BCD 或二进制状态转换成具有特定功能含义的一位逻辑状态。根据译码形式不同，PMC 译码指令分为 BCD 译码指令（DEC）和二进制译码指令（DECB）两种。

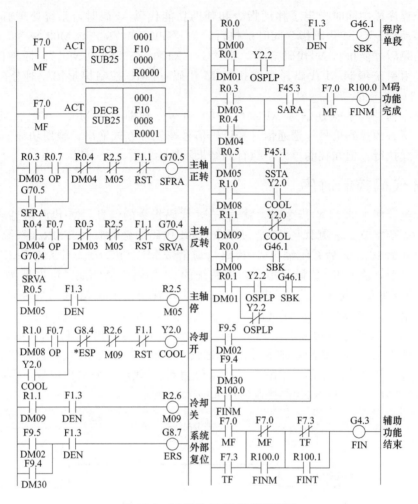

图 11-2 M 代码 PMC 控制梯形图

（1）DEC 指令

DEC 指令的功能是，当两位 BCD 码与给定值一致时，输出为"1"；不一致时，输出为"0"。DEC 指令主要用于数控机床的 M 码、T 码的译码。一条 DEC 译码指令只能译一个 M 代码。

图 11-3 为 DEC 译码指令格式和应用举例。

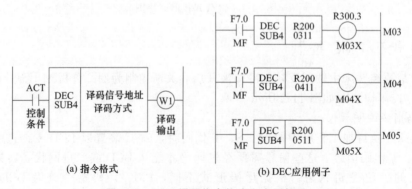

(a) 指令格式 　　　　　　　(b) DEC应用例子

图 11-3 DEC 译码指令格式和应用例子

DEC 指令格式如图 11-3（a）所示，包括以下几部分。

控制条件：ACT＝0 时，不执行译码指令；ACT＝1 时，执行译码指令。

译码信号地址：指定包含两位 BCD 代码信号的地址。

译码方式：译码方式包括译码数值和译码位数两部分。译码数值为需进行译码的两位 BCD 代码；译码位数为 01 表示只译低 4 位数，为 10 表示只译高 4 位，为 11 表示为高低位均译。

译码输出：当指定地址的译码数与要求的译码值相等时为 1，否则为 0。

图 11-3（b）中，当加工程序执行 M03、M04、M05 时，R300.3、R300.4、R300.5 分别为 1。

（2）DECB 指令

DECB 的指令功能：可对 1 个字节、2 个字节或 4 个字节的二进制代码数据译码，所指定的 8 位连续数据中，有一位与代码数据相同时，对应的输出数据位为 1。DECB 指令主要用于 M 代码、T 代码及特殊 S 码的译码，一条 DECB 指令可译 8 个连续 M 代码或 T 代码。

图 11-4 为 DECB 译码指令格式和应用举例。

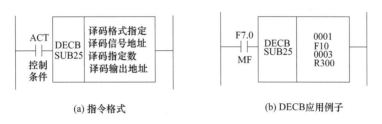

图 11-4　DECB 译码指令格式和应用例子

译码格式指定：0001 表示 1 个字节的二进制代码数据，0002 表示 2 个字节的二进制代码数据，0004 表示 4 个字节的二进制代码数据。

译码信号地址：给定一个存储代码数据的地址。

译码指定数：给定要译码的 8 个连续数字的第一位。

译码输出地址：给定一个输出译码结果的地址。

图 11-4（b）中，加工程序执行 M03、M04、M05、M06、M07、M08、M09、M10 时，R300.0、R300.1、R300.2、R300.3、R300.4、R300.5、R300.6、R300.7 分别为 1。

2．PMC 控制梯形图说明

图 11-2 中，二进制译码指令 DECB 把程序中的 M 码指令信息（F10）转换成开关量控制，程序执行到 M00 时，R0.0 为 1；程序执行到 M01 时，R0.1 为 1；程序执行到 M02 时，R0.2 为 1；程序执行到 M03 时，R0.3 为 1；程序执行到 M04 时，R0.4 为 1；程序执行到 M05 时，R0.5 为 1；程序执行到 M08 时，R1.0 为 1；程序执行到 M09 时，R1.1 为 1。G70.5 为串行数字主轴正转控制信号，G70.4 为串行数字主轴反转控制信号，F0.7 为系统自动运行状态信号（系统在 MEM、MDI、DNC 状态），F1.1 为系统复位信号。当系统在自动运行时，程序执行到 M03 或 M04，主轴按给定的速度正向或反向旋转，程序执行到 M05 或系统复位（包括程序的 M02、M30 代码），主轴停止旋转。在执行 M05 时，加入了系统分配结束信号 F1.3，如果移动指令和 M05 在同一程序段中，保证执行完移动指令后执行 M05 指令，进给结束后主轴电动机才停止。当程序执行到 M08 时，通过输出信号 Y2.0 控制冷却泵电动机，打开机床冷却液，程序执行到 M09 时，关断机床冷却液，同理执行 M09

时也需要加入系统分配结束信号 F1.3。当程序执行到 M02 或 M30 时，系统外部复位信号 G8.7 为 1，停止程序运行并返回到程序的开头。当程序执行到 M00 或 M01（同时选择停输出信号 Y2.2 为 1），系统执行程序单段运行（G46.1 为 1）。图中 F45.3 为主轴速度到达信号，F45.1 为主轴速度为零的信号，R100.0 为 M 码完成信号，R100.1 为 T 码完成信号。R100.0＝1 时，G4.3 置 1，通知系统辅助功能完成。系统随后切断 M 代码选通信号 F7.0，G4.3 因而恢复为 0，系统准备读取下一条 M 代码指令。

11.4 任务决策和实施

1. I/O Link 地址设定

在 MDI 面板上按下"SYSTEM"，然后依次按下［PMC］软键→［EDIT］软键→扩展键→［MODULE］软键，进入地址设定画面，检查 I/O 地址设定情况。如果 I/O 地址未设定，则依照实训平台电气原理图进行 I/O 地址设定并保存。

2. 分配 M 功能控制相关输入/输出信号地址

根据前面 I/O 地址的设定情况，分配 M 功能控制相关输入/输出信号地址。本训练中，可采用实训平台电气原理图分配的相关信号地址。

3. 编制梯形图程序

如果实训平台采用串行数字主轴，可参考图 11-2 所示程序，注意输入/输出信号地址按照实训平台的实际情况设定；如果实训平台采用模拟信号主轴，将正、反转继电器的线圈驱动信号分别替代 G70.5、G70.4 即可。

4. 程序输入

依次按系统功能键"SYSTEM"→［PMC］软键→扩展键→［EDIT］软键→［LADDER］，进入 PMC 程序编辑画面，输入所编写的 PMC 程序，完成后按左边的返回软键，出现"WRITE DATA TO FROM?"按下［EXEC］软键，将程序写入 FROM。

5. 线路连接

若相关输入/输出信号采用实训平台电气原理图分配的信号地址，则按电气原理图完成相关输入/输出信号的连接。

6. 通电调试（略）

11.5 检查和评估

检查和评分表如表 11-2 所示。

表 11-2 项目检查和评分表

序号	检查项目	要 求	评分标准	配分	扣分	得分
1	地址设定	1. 正确完成输入/输出信号地址分配 2. 正确进行地址设定后的保存操作	1. 输入信号地址未设定或设定错误扣 10 分 2. 输出信号地址未设定或设定错误扣 10 分 3. 地址设定后未保存到 FROM 扣 10 分	20		
2	PMC 程序编制和输入	1. 能够正确编制 PMC 程序 2. 能进入系统 PMC 程序编辑画面,完成程序的输入和编辑	1. 程序编写错误扣 20 分 2. 程序输入后未写入到 FROM 扣 20 分	40		
3	线路连接	正确完成 PMC 电源和输入/输出信号的线路连接,实现控制要求	每发现一个线路出现错误扣 10 分,直至扣完该部分配分	30		

序号	检查项目	要　　求	评分标准	配分	扣分	得分
4	其他	1. 操作要规范 2. 在规定时间完成(40 分钟) 3. 工具整理和现场清理	1. 操作不规范每处扣 5 分,直至扣完该部分配分 2. 超过规定时间扣 5 分,最长工时不得超过 50 分钟 3. 未进行工具整理和现场清理者,扣 10 分	10		
			合　　计	100		
备注			考评员 签字		年　　月　　日	

<h2 style="text-align:center">课 后 练 习</h2>

1. 图 11-2 中,G4.3 为何信号?如果 G4.3 一直处于"0"状态,对执行数控加工程序有何影响?

2. 结合图 11-2 所示 M 代码控制梯形图,说明 M00、M01 的控制功能是如何实现的?除通过 G46.1 单段功能来实现外,还可以采用系统的哪种功能来实现?写出 PMC 控制梯形图。

任务 12　实现数控车床的自动换刀控制

【任务描述】

参照数控车床实训平台的电气控制原理图,完成自动换刀相关控制电路的连接和 PMC 程序编制,实现机床的自动换刀功能。

【相关知识】

12.1　刀架工作原理

数控车床自动换刀装置按结构形式不同可以分为立式和卧式两种,按驱动控制原理不同分为动力型电动刀架、液压刀架、电液组合驱动刀架、伺服驱动刀架。随着数控车床的发展,数控车床自动换刀装置开始向快速换刀、电液组合驱动和伺服驱动方向发展。目前在普通型数控车床中,自动换刀装置多采用动力型的电动刀架。

电动刀架通常有 4 工位和 6 工位两种形式,如图 12-1 所示。

(a) 4 工位电动刀架　　　　　(b) 6 工位电动刀架

图 12-1　数控车床电动刀架自动换刀装置

图 12-2 为 4 工位电动刀架结构示意图。该刀架采用蜗杆传动，上下齿盘啮合，螺杆夹紧的工作原理，具有转位快，定位精度高，切向力矩大的优点，同时采用无触点霍尔开关发信，使用寿命长。该系列电动刀架工作过程包括刀架抬起、刀架转位、刀架定位和夹紧刀架 4 个过程。

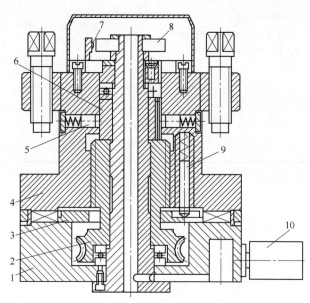

图 12-2　4 工位电动刀架结构示意图

1—刀架底座；2—蜗轮丝杠；3—粗定位盘；4—刀架体；5—球头销；6—转位套；7—磁缸；
8—刀位检测盘（霍尔开关）；9—粗定位销；10—刀架电动机

1. 刀架抬起

当数控系统发出换刀指令后，刀架电动机 10 启动正转，通过联轴器使刀架蜗杆轴转动。从而带动蜗轮丝杠 2 转动，刀架体 4 的内孔加工有螺纹，与丝杠轴连接，蜗轮与丝杠为整体结构。当蜗轮开始转动时，由于刀架底座 1 和刀架体 4 上的端面齿在啮合状态，且蜗轮丝杠轴向固定，因此这时刀架体 4 抬起，从而完成刀架抬启动作。

2. 刀架转位

当刀架体抬起到一定距离后，端面齿脱开，转位套 6 用销钉与蜗轮丝杠 2 连接，随蜗轮丝杠一同转动，当端面齿完全脱开时，球头销 5 在弹簧力的作用下进入转位套 6 的槽中，带动刀架体转位，刀架体转位的同时带动磁缸 7 也转位，与刀位检测盘 8（4 个霍尔开关控制电路板）配合进行刀号的检测。

3. 刀架的定位

当系统程序的刀号与实际刀架检测刀号一致时，刀架电动机立即停止，并开始反转，球头销从转位套的槽中被挤出，使粗定位销 9 在弹簧的作用下进入粗定位盘 3 的凹槽中，由于粗定位销的限制，刀架体 4 不能转动，使其在该位置垂直落下，刀架体 4 和刀座 1 上的端面齿啮合实现精确定位。

4. 夹紧刀架

电动机继续反转（反转时间由系统 PLC 程序控制），当两个端面齿增加到一定夹紧力时，电动机立即断电停止。

12.2　自动换刀的 PMC 控制

一数控车床（SSCK-20），数控系统为 FANUC-0i TB，采用 BWD40-1 电动刀塔。该刀架为 6 工位，采用蜗轮蜗杆传动，定位销进行粗定位，端齿啮合进行精定位。电动机正转实现松开刀架并进行分度操作，电动机反转进行锁紧。电动机的正反转由接触器 KM3、KM4 控制，刀架松开和锁紧是靠微动行程开关 SQ 进行检测，而分度由刀架主轴后端安装的角度编码器进行检测和控制的。具体控制电路如图 12-3 所示。

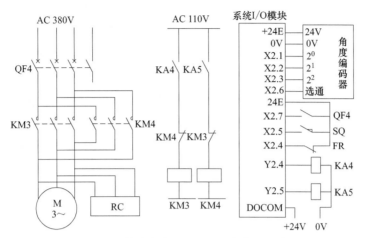

图 12-3 数控车床电动刀架电气控制电路

BWD40-1 电动刀塔 PMC 控制的要求如下。

① 机床接收到换刀指令（程序的 T 码指令）后，转塔电动机正转进行松开和分度控制，分度过程中要有转位时间的检测，检测时间设定为 10s，每次分度时间超过 10s 系统就发出转塔分度故障报警。

② 转塔进行分度并到位后，通过电动机反转进行转塔的锁紧和定位控制。为了防止反转时间过长导致电动机过热，要求转塔电动机反转控制时间不得超过 0.7s。

③ 转塔电动机正反转控制过程中，还要求有正转停止延时时间控制和反转开始的延时时间控制。

④ 自动换刀指令执行后，要进行转塔锁紧到位信号的检测，只有检测到该信号，才能完成 T 码功能结束。

⑤ 自动换刀控制过程中，要求有电动机过载、短路及温度过高保护，并有相应的报警信息显示。自动运行中，程序的 T 码错误（T＝0 或 T≥7）时有相应报警信息显示。

PMC 控制梯形图如图 12-4 所示。

1. 相关 PMC 功能指令

（1）NUME 指令

NUME 指令是 2 位或 4 位 BCD 代码常数定义指令，其指令格式和应用例子如图 12-5 所示。

NUME 指令格式如图 12-5（a）所示，主要包括以下几项。

常数的位数指定：BYT＝0 时，常数为 2 位 BCD 代码；BYT＝1 时，常数为 4 位 BCD 代码。

控制条件：ACT＝0 时，不执行常数定义指令；ACT＝1 时，执行常数定义指令。

常数输出地址：设定所定义常数的输出地址。

图 12-5（b）为某数控车床的电动刀盘实际刀号定义。其中，R9091.0 为系统的常 0 信号，X2.0、X2.1、X2.2、X2.3 为电动刀盘实际刀号输出信号（8421 码），X2.4 为电动刀

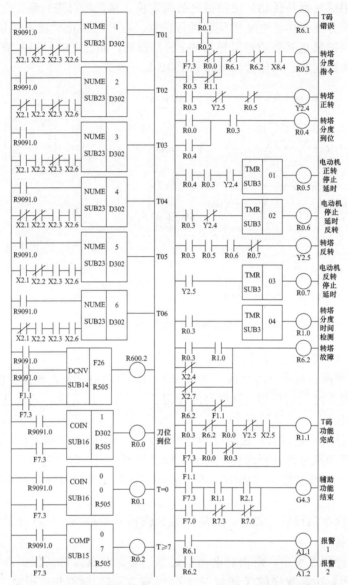

图 12-4　SSCK-20 数控车床电动刀架（6 工位）PMC 控制梯形图

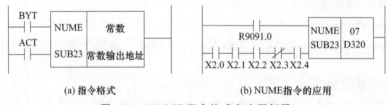

(a) 指令格式　　　　　　　　　　(b) NUME 指令的应用

图 12-5　NUME 指令格式和应用例子

盘的码盘选通信号（每次转到位就接通），D320 为存放实际刀号的数据表。当电动刀盘转到 7 号刀时，刀盘选通信号 X2.4 接通，同时刀号输出信号 X2.3、X2.2、X2.1、X2.0 发出 7 号代码（0111），通过 NUME 指令把常数 07（2 位 BCD 代码）输出到实际刀号存放的地址 D320 中，此时，D320 存储的数据为 00000111。

（2）DCNV 指令

DCNV 指令的作用是将二进制码转换成 BCD 码或将 BCD 码转换成二进制码。其指令格式和应用例子如图 12-6 所示。

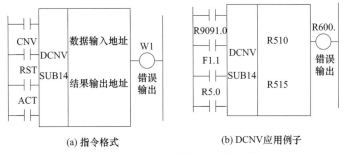

(a) 指令格式　　　(b) DCNV 应用例子

图 12-6　DCNV 指令格式和应用例子

DCNV 指令格式如图 12-6（a）所示，主要包括以下几项。

数据转换类型（CNV）：CNV＝0，二进制代码转换成 BCD 代码；CNV＝1，BCD 代码转换成二进制代码。

错误输出复位（RST）：RST＝0 时，取消复位（输出 W1 不变）；RST＝1 时，错误输出复位，即 W1＝1 时置 RST 为 1，则 W1＝0。

执行条件（ACT）：ACT＝0 时，不执行 DCNV 指令；ACT＝1 时，执行 DCNV 指令。

图 12-6（b）为应用实例，当 R5.0 为 1 时，将 R510 地址中的二进制数转换成 BCD 码输出到 R515 中。

（3）COIN 指令

该指令用来检查输入值与比较值是否一致。其指令格式和应用例子如图 12-7 所示。

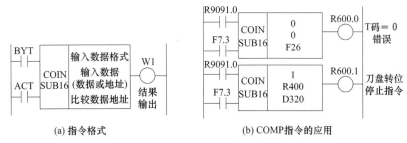

(a) 指令格式　　　(b) COMP 指令的应用

图 12-7　COIN 指令格式和应用例子

COIN 指令格式如图 12-7（a）所示，主要包括以下几项。

指定数据的大小：BYT＝0 时，数据大小为 2 位 BCD 代码；BYT＝1 时，数据大小为 4 位 BCD 代码。

控制条件：ACT＝0 时，不执行 COIN 指令；ACT＝1 时，执行 COIN 指令。

输入数据格式：0 表示常数指定输入数据，1 表示地址指定输入数据。

输入数据：基准数据的常数或基准数据常数所在的地址（常数或常数所在地址由输入数据格式决定）。

比较数据地址：比较数据所在的地址。

结果输出：W1＝0，表示基准数据不等于比较数据；W1＝1，表示基准数据等于比较数据。

图 12-7（b）中，F26 为系统 T 码输出地址，R400 为所选刀具的地址，D320 为刀库换刀点的地址。当 R600.0 为 1 时，说明程序中输入了 T00 的错误指令（因为换刀号是从 1 开始的）。当 R600.1 为 1 时，说明所选刀具转到了换刀位置，停止刀库旋转且可以执行换刀。

（4）COMP 指令

COMP 指令的输入值和比较值为 2 位或 4 位 BCD 代码，其指令格式和应用例子如图 12-8 所示。

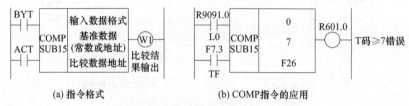

图 12-8　COMP 指令格式和应用例子

COMP 指令格式如图 12-8（a）所示，包括以下几项。

指定数据大小：BYT＝0 时，处理数据（输入值和比较值）为 2 位 BCD 代码；BYT＝1 时，处理数据为 4 位 BCD 代码。

控制条件：ACT＝0 时，不执行比较指令；ACT＝1 时，执行比较指令。

输入数据格式：0 表示用常数指定输入基准数据，1 表示用地址指定输入基准数据。

基准数据：输入的数据（常数或常数存放的地址）。

比较数据地址：指定存放比较数据的地址。

比较结果输出：当基准数据＞比较数据时，W1 为 0；当基准数据≤比较数据时，W1 为 1。

图 12-8（b）为某数控车床自动换刀（6 工位）的 T 码检测 PMC 控制梯形图。加工程序中的 T 码大于或等于 7 时，R601.0 为 1，并发出 T 码错误报警。其中，F7.3 为 T 码选通信号，F26 为系统 T 码输出信号的地址。

（5）信息显示指令

信息显示指令用于在系统显示装置（CRT 或 LCD）上显示机床的报警内容，机床厂家根据机床的具体工作情况编制机床报警号及信息显示。

图 12-9　DISPB 指令格式

FANUC 系统信息显示指令有两种，一是 DISP 指令，二是 DISPB 指令。FANUC-0i 系统都采用 DISPB 指令，DISPB 指令格式如图 12-9 所示。

信息显示条件：当 ACT＝0 时，系统不显示任何信息；当 ACT＝1 时，依据各信息显示请求地址位（如 A0～A24）的状态，显示信息数据表中设定的信息，每条信息最多为 255 个字符，在此范围内编制信息。

显示信息数：设定显示信息的个数。FANUC-0iA 系统最多可编制 200 条信息，FANUC-0iB/0iC 系统最多可编制 2000 条信息（系统 PMC 类型为 PMC-SB7 时）。

信息显示功能指令的编制方法如下。

① 编制信息显示请求地址。从信息继电器地址 A0～A24（共 200 位）中编制信息显示请求位，每位都对应一条信息，如果要在系统显示装置上显示某一条信息，将对应的信息请求位置为"1"，如果将该信息请求位置为"0"，则清除相应的显示信息。

② 编制信息数据表。信息数据表中每条信息数据内容包括信息号和存于该信息号中的信息。信息号为 1000～1999 时，在系统报警画面显示信息号和信息数据；信息号为 2000～2999 时，在系统操作信息画面只显示信息数据而不显示信息号。信息数据表与 PMC 梯形图一起存储到系统的 FROM 中，FANUC-0iA 系统需要插入梯形图编辑卡才能查看信息数据表的内容，而 FANUC-0iB/0iC 系统不需要梯形图编辑卡就可以在 PMC 画面查看信息数据表的内容。下面通过实例介绍数控机床厂家报警信息的编制。图 12-10 为某数控机床机床厂家报警信息显示的 PMC 梯形图，表 12-1 为该机床报警信息数据表。

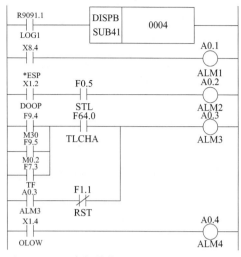

图 12-10　机床报警信息显示 PMC 控制梯形图

图 12-10 中，X8.4 为机床面板的急停开关的常闭点，X1.2 为机床的防护门开关，F9.4 为系统程序结束指令（M30），F9.5 为系统结束指令（M02），F7.3 为系统 T 码选通信号，F64.0 为系统刀具寿命管理信号，F1.1 为系统复位信号，X1.4 为机床润滑系统的液面检测开关。

表 12-1　机床报警信息数据表

信 息 号	信 息 数 据
A0.1	1001 EMERGENCY STOP!
A0.2	1002 DOOR NEED CLOSE!
A0.3	1003 TOOL LIFE EXGAUST!
A0.4	2000 PLEASE CHECK GEAR LUBE OIL LEVEL!

2. PMC 控制梯形图说明

在图 12-4 中，X2.1、X2.2、X2.3 为角度编码器的实际刀号检测输入信号地址，X2.6 为角度编码器位置选通输入信号地址，通过常数定义指令（NUME）把转塔当前实际位置的刀号写入到地址 D302 中；数据转换功能指令 DCNV 把二进制数据形式的 T 码指令信息（F26）转换成 2 位 BCD 代码存储在继电器 R505 中；通过 BCD 代码判别一致指令（COIN）把当前位置的刀号（D302 中的数值）与程序的 T 码选刀刀号（R505 中的数值）进行判别，如果两个数值相同，则 T 码辅助功能结束（说明程序要的刀号与当前实际刀号一致）；如果两个数值不相同，则进行转塔的分度控制。通过判别指令（COIN）和比较指令（COMP）将 T 码与数字 0 和数字 7 进行比较，如果程序指令的 T 码为 0 或大于等于 7 时，系统要有 T 码错误报警信息显示，同时停止转塔分度指令的输出。

当程序指令的 T 码与转塔实际刀号不一致时，系统发出转塔分度指令（继电器 R0.3 为 1），转塔电动机正转（输入继电器 Y2.4 为 1），通过蜗杆蜗轮传动松开锁紧凸轮，凸轮带动刀盘转位，同时角度编码器发出转位信号（X2.1、X2.2、X2.3）。当转塔转到换刀位置时，系统判别一致指令（COIN）信号 R0.0 为 1，发出转塔分度到位信号（继电器 R0.4 为 1），转塔电动机经过定时器 01 的延时（定时器 TMR01 为 50ms）后，切断转塔电动机正转输出信号 Y2.4，同时接通反转运行开始定时器 02，经过延时后，系统发出转塔电动机反转输出信号 Y2.5，电动机开始反转，定位销进行粗定位，端齿盘啮合进行精定位，锁紧凸轮进行锁紧并发出转塔锁紧到位信号（X2.5），经过反转停止延时定时器 03 的延时（定时器 TMR03 设定为 0.6s）后，发出电动机反转停止信号（R0.7 为 1），切断转塔电动机反转运转输出信号 Y2.5。通过转塔锁紧到位信号 X2.5 接通 T 辅助功能完成指令（R1.1 为 1），继电器 R1.1 为 1 后，使系统辅助功能结束指令信号 G4.3 为 1，切断转塔分度指令 R0.3，从而完成换刀的自动控制。

在换刀整个过程中，当换刀过程超时（TMR04）、电动机温升过高（X2.4）及电动机过载/短路保护断路器 QF4（X2.7）信号动作时，系统立即停止换刀动作并发出系统换刀故障信息。

12.3 电动刀架控制中的常见故障

1. 执行换刀指令时，电动刀架不动作

首先检查 PMC 控制中 T 码信号是否正常，如果不正常，故障可能的原因有：霍尔开关元件或电路板不良；刀号信号输入接口损坏或接线不良；系统本身不良（系统没有 T 码输出）。

然后检查刀架电动机是否旋转，如果不旋转，故障的可能原因有：电动机本身故障；电动机控制电路故障。如果电动机旋转而刀架不动作，故障为电动刀架机械故障，如蜗轮蜗杆副故障等。

2. 执行换刀指令时，系统发出电动机过载报警

故障原因有：电动机本身短路；电动刀架机械损坏导致卡死；电动机保护开关（一般采用短路器实现电动机的过载和短路保护）本身或接线不良。

3. 执行换刀过程中，某个刀号不能执行正常换刀控制

故障原因可能是：检测该刀号的霍尔开关元件不良；控制电路板或引出线不良；该刀号信号的输入接口损坏。

4. 执行换刀控制时，刀架一直转或发出超时报警

故障原因有：刀号检测板控制电路的电源没有（DC24V）或电源线不良；磁缸和刀号检测开关位置不正确；刀号检测电路板不良；系统的 PMC 控制电路板故障。

5. 每次执行换刀时，刀架夹紧不到位

故障原因有：磁缸和刀号检测开关位置不正确；刀架电动机反转控制时间调整不到位；电动刀架本身机械调整不到位。

12.4 任务决策和实施

1. 实训平台自动换刀控制电路分析

实训平台刀架为 4 工位刀架，换刀动作原理与前面图 12-2 所示 4 工位电动刀架结构相类似，其控制电路如图 12-11 所示。

当 CNC 发出换刀指令，PMC 收到该指令后控制中间继电器 KA5 通电，刀架换位控制接触器 KM4 线圈接通 220V 交流电源，KM4 主触点吸合，换刀电动机通入 380V 正向旋转，驱动蜗杆减速机构，螺杆升降机构使刀架体上升。当刀架体上升到一定高度后，与端面齿脱开，并开始旋转。刀架上端的编码盘对应每个刀位都安装一个霍尔元件，分别对应刀具号 T1～T4，当上刀体旋转到某一刀位时，该刀位上霍尔元件向数控系统输入低电平，而其他刀位信号为高电平。刀位信号状态与对应刀位关系如表 12-2 所示。在上刀体旋转过程中，发信盘不断向 PMC 反馈刀位信号。数控系统将反馈刀位信号与指令刀位相比较，当两信号相同时，说明上刀体已旋到所选刀位，否则继续旋转。转到所选刀号后，PMC 控制使得

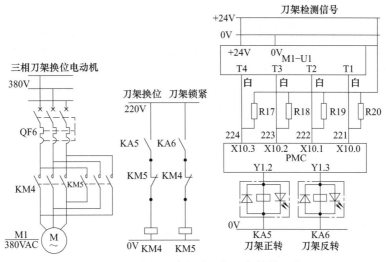

图 12-11　实训平台电动刀架电气控制电路

KA5 断开，而 KA6 接通，刀架反转控制接触器 KM5 接通 220V 交流电源，KM5 吸合，换刀电动机反转带动上刀体下降定位与锁紧。这里，刀架锁紧的检测是依靠电动机反转的时间延时（通过定时器设定）。延时时间到，向 PMC 发出转位完成信号，KM5 断电，切断电源，电动机停转，自动换刀过程完成。

表 12-2　刀位信号状态与对应刀位关系

当前刀号	信 号 状 态			
	X10.3	X10.2	X10.1	X10.0
1	1	1	1	0
2	1	1	0	1
3	1	0	1	1
4	0	1	1	1

2. I/O Link 地址设定

在 MDI 面板上按下"SYSTEM"，然后依次按下 [PMC] 软键→[EDIT] 软键→扩展键→[MODULE] 软键，进入地址设定画面，检查 I/O 地址设定情况。如果 I/O 地址未设定，则依照实训平台电气原理图进行 I/O 地址设定并保存。

3. 分配换刀控制相关输入输出信号地址

本训练中，采用实训平台电气原理图分配的换刀控制相关信号地址。

4. 编制梯形图程序

刀位的检测可参考图 12-12 所示程序，当刀架处于某刀位时，该刀位信号为"0"，取反后执行常数定义指令，将该刀位号写入到地址 D302 中。其他控制程序可参考前面图 12-4 所示梯形图。

5. 程序及报警信息的输入和保存

依次按系统功能键"SYSTEM"→[PMC] 软键→扩

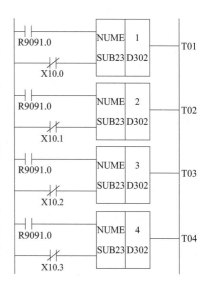

图 12-12　4 工位刀架刀位检测 PMC 梯形图

展键→［EDIT］软键→［LADDER］软键，进入 PMC 程序编辑画面，输入所编写的 PMC 程序；依次按系统功能键"SYSTEM"→［PMC］软键→扩展键→［EDIT］软键→［MESAGE］软键，进入报警信息编辑画面，完成相关报警信息的输入，最后完成 PMC 程序的保存。

6. 线路连接

若相关输入/输出信号采用实训平台电气原理图分配的信号地址，则按电气原理图完成相关输入/输出信号的连接。在连接刀架电动机主电路时，注意相序不能接反。

7. 通电调试

在 MDI 方式下，依次运行"T0101""T0202""T0303""T0404""T0101"换刀指令，检查换刀是否正常。

12.5 检查和评估

检查和评分表如表 12-3 所示。

表 12-3 项目检查和评分表

序号	检查项目	要 求	评分标准	配分	扣分	得分
1	地址设定	1. 正确完成输入/输出信号地址分配 2. 正确进行地址设定后的保存操作	1. 输入信号地址未设定或设定错误扣 10 分 2. 输出信号地址未设定或设定错误扣 10 分 3. 地址设定后未保存到 FROM 扣 10 分	20		
2	PMC 程序编制和输入	1. 能够正确编制 PMC 程序 2. 能进入系统 PMC 程序编辑画面,完成程序的输入和编辑 3. 能进入报警信息编辑画面,完成报警信息的输入	1. 程序编写错误扣 20 分 2. 程序输入后未写到 FROM 扣 10 分 3. 未输入报警信息扣 10 分	40		
3	线路连接	1. 正确完成刀架电动机主回路连接 2. 正确完成 PMC 电源和输入/输出信号的线路连接,实现控制要求	每发现一个线路出现错误扣 10 分,直至扣完该部分配分	30		
4	其他	1. 操作要规范 2. 在规定时间完成(40 分钟) 3. 工具整理和现场清理	1. 操作不规范每处扣 5 分,直至扣完该部分配分 2. 超过规定时间扣 5 分,最长工时不得超过 50 分钟 3. 未进行工具整理和现场清理者,扣 10 分	10		
			合 计	100		
备注			考评员 签字			
				年 月 日		

12.6 知识拓展——12 工位就近选刀电动刀架的工作原理及其控制

1. 12 工位就近选刀电动刀架的结构和工作原理

下面以意大利 BARUFFALDI TS200/12 电动刀架为例来说明 12 工位就近选刀电动刀架的结构和工作原理。该系列电动刀架的特点如下。

① 该刀架采用行星轮系传动的减速机构,结构紧凑、传动效率高。

② 刀盘无需抬起就能实现转位松开和制动控制。这样可以防止机床切削过程中切屑、灰尘、切削液等影响精定位端齿盘，从而保证刀架的高定位精度。

③ 可双向回转和任意刀位就近选刀，最大限度地减少刀架转位的辅助时间。

④ 分度工位由二进制绝对值编码器识别，刀架定位与锁紧由接近开关发出信号，到位控制时通过系统 PMC 程序编制，安全可靠。

意大利 BARUFFALDI TS200/12 电动刀架结构简图如图 12-13 所示。

本刀架采用三联齿盘作为分度定位元件，由电动机驱动后，通过一对齿轮和一套行星轮系进行分度传动。工作过程为：CNC 系统发出转位信号后，刀架上的电动机制动器松开（制动器线圈获电），电动机开始按规定方向旋转，通过齿轮 2、3 带动行星齿轮 4 旋转，这时分度主轴 13 由于端齿盘还未脱开而处于锁紧状态，驱动齿轮 18 不旋转，行星齿轮 4 带动空套齿轮 5 旋转，空套齿轮带动滚轮架 16 转过预分度角度，使端齿盘后面凸轮松开，弹簧 15 使双联齿盘 14 向右移动，从而使三联齿盘相互脱开。滚轮

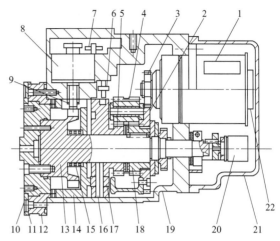

图 12-13　意大利 BARUFFALDI TS200/12 电动刀架结构简图

1—电动机；2—齿轮；3—电动机齿轮；4—行星齿轮；5—空套齿轮；6—锁紧接近开关；7—预分度到位接近开关；8—电磁铁；9—插销；10—动齿盘；11—挡圈；12—定齿盘；13—分度主轴；14—双联齿轮；15—弹簧；16—滚轮架；17—滚轮；18—驱动齿轮；19—箱体；20—角度编码器；21—后盖；22—电动机制动装置

架 16 受到端齿盘后面的键槽的限制停止转动，这时空套齿轮 5 成为定齿轮，行星齿轮 4 通过齿轮 18 带动主轴 13 旋转，实现转位分度。当刀架转到预选位置，即目标位置的前一位置编码器选通信号下降沿到达时，电磁铁 8 获电动作，将插销 9 压入主轴 13 的凹槽中，预分度到位接近开关 7 给电动机发出信号，电动机停转，主轴 13 停止转动，电动机（经过延时）开始反向旋转。通过齿轮 2 和 3，行星齿轮 4 和空套齿轮 5 带动滚轮架 16 反转，滚轮压紧凸轮，使端占盘向前移动，端齿盘重新啮合，这时锁紧接近开关 6 发出信号，切断电动机电源，制动器获电制动电动机，电磁铁断电，插销 9 被弹簧弹回，转位工作结束。其动作流程图如图 12-14 所示。

2. 电气控制线路

电动刀塔电动机是由电动机、制动器、热保护开关组成一体的三相力矩电动机，制动器安装在电动机后端盖上，制动器的线圈为 DC24V 直流线圈，热保护开关在电动机绕组内，电气控制线路如图 12-15 所示。

接触器 KM1 控制电动机正转，接触器 KM2 控制电动机反转，接触器 KM1、KM2 分别由继电器 KA1、KA2 控制。断路器 QF 实现电动机的短路和过载保护。继电器 KA3 控制电动机的制动器线圈，当 KA3 闭合，电动机后端的制动器线圈获电动作，电动机处于松开状态，当 KA3 断开，制动器线圈断电，电动机处在锁紧状态。当电动刀架转到目标位置的前一位置时，继电器 KA4 获电动作，预分度电磁铁线圈获电，当刀架转到换刀位置时，电磁铁推动插销移动，分度到位检测接近开关 SQ1 发出信号，停止电动机转动，电动机开始反转进行锁紧。锁紧到位后，接近开关 SQ2 发出信号，继电器 KA3 获电动作，电动机制动，

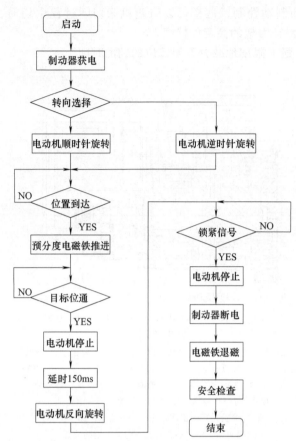

图 12-14 意大利 BARUFFALDI TS200/12 电动
刀架动作流程图

完成换刀控制后，KA4、KA3 断电。

3. 刀架 PMC 控制

（1）系统 PMC 输入/输出信号地址分配

图 12-16 为系统 PMC 输入/输出信号地址分配图，X20.0、X20.1、X20.2、X20.3 为来自角度编码器的刀架分度位置（实际刀号位置）检测信号，X20.4 为编码器的选通信号，24V、0V 为来自系统 24E、0V 的编码器输入电源。X21.0 为电动机短路和过载保护信号，X21.1 为预分度电磁铁动作检测信号，X21.2 为刀塔锁紧到位检测信号，X21.3 为电动机过热保护检测信号。Y50.1 为刀塔电动机正转输出信号，Y50.2 为刀塔电动机反转输出信号，Y50.3 为电动机制动线圈输出信号，Y50.4 为刀架预分度电磁铁线圈输出信号。

（2）PMC 控制梯形图

PMC 控制梯形图如图 12-17 所示。当程序执行 T 码指令时，系统 T 码选通信号 F7.3 为 1。如果移动指令结束（T 码和移动指令在同一程序段时，移动指令结束后，系统分配结束状态信号 F1.3

为 1）和刀塔正常，系统就发出换刀指令（R5.0 为 1）。通过定时器 TMR01 延时后，产生一个换刀开始指令 R5.1，再经过继电器 R5.2、R5.3 转换成换刀开始的脉冲信号。逻辑与后数据传送功能指令 MOVE 分别把程序的 T 码指令信息（F26）传送到继电器 R500，并把编码器检测到的实际刀号信息（X20）传送到继电器 R510 中；数据转换功能指令 DCNV 把二进制数据形式的 T 码指令信息和实际刀号信息转换成 2 位 BCD 代码分别存储在继电器

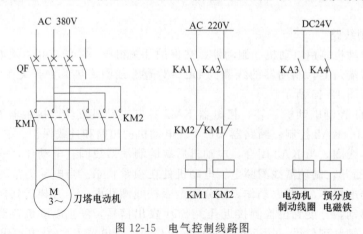

图 12-15 电气控制线路图

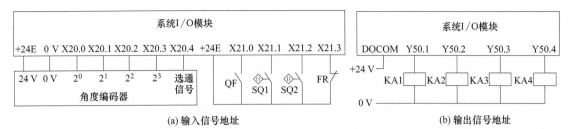

图 12-16　PMC 输入/输出信号地址分配图

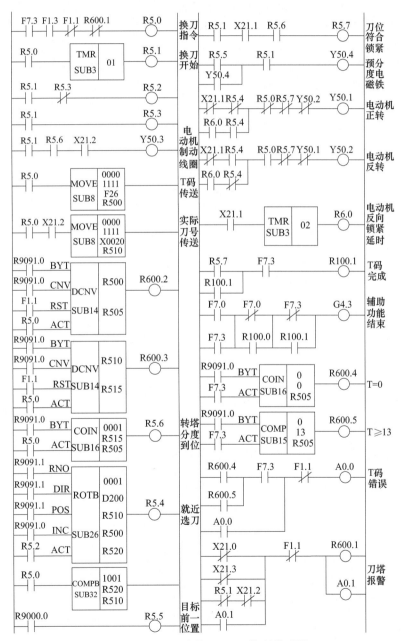

图 12-17　12 刀位换刀 PMC 控制梯形图

R505 和 R515 中；2 位 BCD 代码数据判别一致指令 COIN 是用来判别程序中的 T 码和刀架的实际刀号是否相符，刀架转到换刀位置时，继电器 R5.6 为 1；二进制旋转控制功能指令 ROTB 是用来判定电动机的旋转方向和刀架转到目标位置的前一位置。继电器 R5.4 为 1 时，电动机反转分度选刀，继电器 R5.4 为 0 时，电动机正转分度选刀，从而实现就近选刀的控制。ROTB 功能指令还把转塔转到目标位置（换刀位置）前一位置的信息存储在继电器 R520 中，其中 D200 数据为刀架分度数（刀具数量），这里设定数据为 12（12 把刀）；二进制数据比较功能指令 COMPB 用来比较实际刀号位置和目标位置的前一位置是否相等，当转塔转到目标位置的前一位置后，继电器 R5.5 为 1，预分度电磁铁线圈获电（Y50.4 为 1）。当刀架转到换刀位置后，插销在预分度电磁铁的作用下插入主轴的凹槽中，通过接近开关 SQ1 检测预分度电磁铁是否到位。预分度电磁铁到位后（刀架分度到位），信号 X21.1 为 1，X21.1 的常闭点切断电动机旋转控制使电动机立即停止。X21.1 同时接通 2 号定时器，经过定时器 TMR02 的延时（02 定时器的设定时间为 150ms）后，继电器 R6.0 为 1，电动机开始反方向旋转进行锁紧刀架控制。当刀架锁紧到位后，锁紧到位接近开关发出信号使 X21.2 为 1，电动机制动器输出信号 Y50.4 为 1，电动机立即制动停止，同时继电器 R5.7 为 1，T 码完成信号 R100.1 为 1，系统辅助功能结束信号 G4.3 为 1，换刀指令及换刀开始指令信号 R5.0、R5.1、R5.2 为 0，预分度电磁铁断电，插销在弹簧作用下弹回，电动机、制动器线圈断电，完成整个换刀控制。

课 后 练 习

1. CK6136 数控车床采用 4 工位的电动刀架自动换刀装置，电动机正转松开刀架并开始转位，当刀架转到位置后，电动机反转锁紧刀架，完成自动换刀控制。换刀位置检测由接触码盘检测的，第 1 号刀～第 4 号刀的信号输入地址分别为 X10.0、X10.1、X10.2、X10.3，到达某刀位时，相应信号为 1。电动机的正转输出信号地址为 Y2.1，反转输出信号地址为 Y2.2，编制 PMC 控制梯形图。

2. 以 4 工位的电动刀架自动换刀装置为例，编制手动换刀的 PMC 程序。在手动方式下，按一次"手动换刀"按钮，刀架转一个刀位。如果刀架刀位不正确，或在 4 号刀位，则找 1 号刀。

3. 执行换刀指令时，电动刀架不动作，分析故障原因。

项目四　主轴驱动系统调试与故障诊断

任务 13　模拟量控制的主轴驱动系统的调试

【任务描述】

在数控车床实训平台完成主轴电动机控制电路连接、相关控制参数的设置和调试工作。该主轴电动机为变频电动机（YVP132M2-33），额定频率为 33Hz，频率范围为 33～200Hz，额定电压为 380V，功率为 3.5kW，电动机磁极对数为 2。

【相关知识】

13.1　数控机床主轴传动方式配置及特点

1. 普通笼型异步电动机配齿轮变速箱

这是最经济的一种主轴配置方式，电动机可以是单速电动机也可以是双速电动机，主轴通过主轴箱上的变速手柄进行主轴速度的粗调控，系统通过加工程序的特殊 S 码进行细调（一般每一挡内有 4 种 S 码），但只能实现有级调速。由于电动机始终工作在额定转速下，经齿轮减速后，主轴在低速下输出力矩大，切削能力强，非常适合粗加工和半精加工的要求。如果加工产品比较单一，对主轴转速没有太高的要求，这种配置方式在数控机床上也能起到很好的效果。它的缺点是噪声比较大，而且电动机工作在工频下，主轴转速范围不大，不适合有色金属和需要频繁变换主轴速度的加工场合。这种传动方式目前主要在普通型数控车床的主轴上应用，如图 13-1 所示。

2. 普通笼型异步电动机配变频器

这种配置方式一般会采用带传动，经过传送带一级降速，提高低速主轴的输出转矩。系统可以通过加工程序指令的 S 码（主轴速度值）控制主轴速度，从而实现主轴的无级调速。主轴电动机只有工作在约 200r/min 以上才能有比较满意的力矩输出，否则，因为受到普通电动机最高转速的影响，主轴的转速范围受到较大的限制，特别是车床粗加工时容易出现堵转。这种方案适用于需要无级调速但对低速和高速都不要求的场合，例如普通型数控车床主轴速度控制，如图 13-2 所示。

(a) 主轴电动机与主轴的连接 (b) 主轴齿轮手动换挡变速箱

图 13-1　普通笼型异步电动机配齿轮变速箱

(a) 主轴电动机与主轴的连接　(b) 变频器和异步电动机

图 13-2　普通笼型异步电动机配变频器

3. 三相异步电动机配齿轮变速箱及变频器

主轴的速度换挡可通过系统加工程序的 M 代码进行自动控制，如数控车床中 M41 为低速挡、M42 为中速挡、M43 为高速挡，再通过变频器实现每挡位内的无级调速控制。这种主轴配置方式不仅满足了低速大切削力的要求（如数控车床的粗车过程），而且扩大了机床的加工范围，提高了主轴的调速范围，目前主要应用于普及型数控车床或要求比较高的普通型数控车床上，如图 13-3 所示。

4. 伺服主轴驱动系统

这种主轴配置方式应用于中、高档的数控车床、数控铣床及加工中心上，如图 13-4 所示。

(a) 主轴电动机与主轴的连接　(b) 主轴齿轮自动换挡变速箱　　(a) 数控车床主轴配置　(b) 数控铣床和加工中心主轴配置

图 13-3　三相异步电动机配齿轮变速箱及变频器　　图 13-4　伺服主轴驱动系统

伺服主轴驱动系统具有响应快、速度高、过载能力强的特点，主轴速度通过系统加工程序的 S 码（主轴速度值）实现无级调速控制，当然价格也是比较高的，通常是同功率变频器主轴驱动系统的 2～3 倍以上。伺服主轴驱动方式还可以实现主轴定向停止（又称主轴准停）、刚性攻螺纹、主轴 C 轴进给功能等对主轴位置控制性能要求很高的加工。为了满足低速大转矩输出并扩大加工范围，有的数控机床主轴还配置了齿轮变速。主轴挡位控制是通过系统加工程序的 M 代码（数控车床）或 S 码的数值范围（数控铣床或加工中心）进行自动选择的，而且在每一挡位上实现电气无级调速控制。

5. 电主轴

电主轴单元将电动机和高精度主轴结合在一起，使主轴单元向高速、高效、高精度加工迈进了可喜的一步。电主轴单元使机床摆脱了机械传动的束缚，简化了机床结构，同时消除了由机械传动产生的振动噪声。典型的电主轴的结构如图 13-5 所示。从图中可见，电主轴的结构十分紧凑，通常又在高速下运转，因而它的关键技术是如何解决电动机本身的发热问题。解决方法首先是改进轴承材料，轴承的内外环采用高氮合金钢制造，配以陶瓷滚动元件；其次是减少电动机的发热，在电动机铁芯中有油冷却通道，通过机床外部冷却装置把电动机本身产生的热量带走。电主轴端部安装有传感器，可以直接作为主轴的速度和位置反馈及各种功能的控制。

图 13-5　数控机床电主轴的结构

电主轴驱动器可以是变频器或主轴伺服放大器。近几年又开发出磁悬浮轴承的电主轴，使得主轴的最高转速能够达到 $50000\sim60000r/min$，从而满足现在数控机床更高速度和更高精度的要求。

电主轴主要用于高速加工的机床，例如高速精密加工中心等。

13.2　异步电动机变频调速原理

1. 变频调速（压频比 U/f 调速）

交流异步电动机的转速 n 表达式为

$$n=\frac{60f_1}{p}(1-s) \tag{13-1}$$

式中，f_1 为定子电源频率，Hz；p 为磁极对数，s 为转差率。由式（13-1）可知异步电动机的调速方法有三种：一是改变转差率 s，低速时转差率大，转差损耗功率也大，效率低；二是改变磁极对数 p，由于 p 是整数，所以只能得到级差很大的有级调速，这两种方法不能满足数控机床的要求；三是改变电动机供电频率 f_1，从而改变电动机的转速，这种变速方式可以得到平滑的无级调速，变频调速从高速到低速都可以保值有限的转差率，具有高效率、宽范围等特点，是数控机床中常用的调速方法。

磁通量与感应电动势及频率的关系式为

$$\Phi_m=\frac{E_1}{4.44f_1\omega}\approx\frac{U_1}{4.44f_1\omega} \tag{13-2}$$

式中，Φ_m 为每极气隙磁通量；E_1 为每相感应电动势，其值接近外施加相电压 U_1；ω 为每相绕组有效匝数。因此，在变频调速过程中，为保持 Φ_m 不变，即实现恒转矩控制，这就要协调 f_1 和 U_1 的变化，通常在中频区使频压比等于常数，而在低频区提升定子电压 U_1，以补偿定子的阻抗压降。当 f_1 超过感应电动机铭牌的额定频率 f_{1N} 时，由于电动机额定电压的限制，U_1 不能够再增加，这时 U_1/f_1 将随着 f_1 的增加而成反比例地减少，即感应电动机的每极磁通中 Φ_m 成反比例下降，电动机的输出转矩也相应减小。电动机的输出功率在此区域内能够保持不变，称此区域为恒功率调速区域（图 13-6 中的 Ⅱ 区），而前者（$f_1<f_{1N}$）则为恒转矩调速区域（图 13-6 中的 Ⅰ 区）。

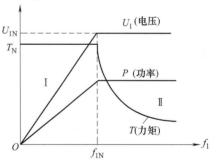

图 13-6　感应电动机运行区域
Ⅰ—恒转矩调速区；Ⅱ—恒功率调速区

变频调速控制的原理如图 13-7 所示。把外部模拟电压（或电流）作为给定频率值，经 A/D 变换后作为频率的数字给定，再经斜波上升（下降）环节至 U/f 控制；由 f_1 的给定值计算出感应电动机定子绕组的电压给定值 U_1；再经过 PWM 逆变器输出三相逆变桥开关管的驱动信号，将直流电源 U_{DC} 逆变为三相交流电压（频率、电压分别接近 f_1、U_1），供给感应电动机。为了减小负载对转速的影响，可以通过负载检测，进行频率补偿，使电动机的实际频率略高于给定频率。

2. 矢量控制调速

矢量控制是比上述压频比控制更为复杂的变频调速方法，其主要特点是：变频器可以控制电动机的转矩，改善瞬态响应特征，具有优良的速度稳定性，而且在低频时可以提高电动机的转矩。感应电动机的矢量控制原理是根据磁场等效和坐标变换规则，将感应电动机的各

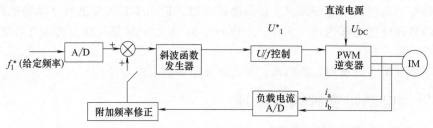

图 13-7 感应电动机变频调速控制原理图

定子绕组用正交的等效绕组替换，并在同步速度的旋转坐标上对电流、电压进行变换，得到与直流电动机相似的控制特性。其控制原理这里不再讲述。

13.3 模拟量主轴驱动装置的连接

在 CNC 中，主轴转速通过 S 指令进行编程，S 指令经过数控系统处理可以转换为模拟电压或数字量信号输出，因此主轴的转速有两种控制方式：利用模拟量进行控制（简称模拟主轴）和利用串行总线进行控制（简称串行主轴）。

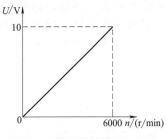

图 13-8 模拟主轴转速与电压的对应关系

使用模拟主轴时，CNC 通过内部附加的 D/A 转换器，自动将 S 指令转换为 $-10 \sim +10V$ 的模拟电压。CNC 所输出的模拟电压可通过主轴驱动装置实现主轴的速度控制。主轴驱动装置总是严格保证给定的速度输入信号与电动机输出转速之间的对应关系。如图 13-8 所示，当速度给定输入为 10V 时，如果电动机转速为 6000r/min，则在输入 5V 时，电动机转速就为 3000r/min。

如图 13-9 所示，FANUC-0iMate C 上的 JA40 为模拟主轴指令输出接口，电压为 $-10 \sim +10V$。此时主轴电动机外接的位置编码器的反馈信号接到 JA7A 端口，可用于主轴定向或螺纹加工。

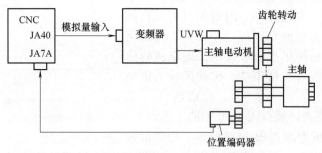

图 13-9 模拟主轴驱动装置连接示意图

模拟量主轴驱动装置在中低档次的数控车床中比较常见，一般采用通用变频器实现主轴电动机控制。所谓"通用变频器"，包含两个方面的含义：一是该变频器可以和通用的笼型异步电动机配套使用；二是具有多种可供选择的功能。目前，作为主轴驱动装置比较多的变频器有三菱变频器、安川变频器及富士变频器等。下面以三菱变频器（FR-S500）为例，说明变频器的功能连接等。

1. 变频器主回路

变频器主回路的功能是把固定的频率（通常为 50/60Hz）的交流电转换成频率连续可调

（通常为 0～400Hz）的三相交流电，从而实现电动机速度控制。主回路主要包括交-直电路、制动电路、直-交电路，典型回路如图 13-10 所示。

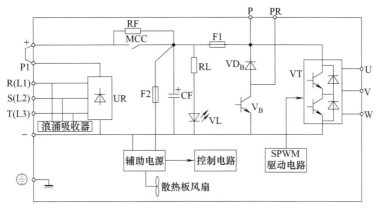

图 13-10　变频器典型主回路示意图

（1）交-直电路

三相交流电源（固定频率为 50Hz/60Hz）通过变频器的电源接线端（R、S、T）输入到变频器内，利用整流器 UR 把交流电转换成直流电，再经过滤波电容 CF 的滤波获得直流电压（如果输入为 380V 则直流电压约为 513V）。当电容 CF 两端电压达到基准值时，辅助电源动作，输出各种直流控制电压。控制电路正常时，直流继电器 MCC 获电，常开点闭合接掉电容充电限流电阻 RF，从而完成交-直电路的工作。

（2）直-交电路

由逆变块 VT 组成，通过 SPWM 驱动电路控制逆变块输出频率可调的三相交流电。

（3）制动单元电路

中小容量变频器通常采用内装制动单元和外接制动电阻，大容量变频器采用外接制动单元和外接制动电阻。制动单元的作用是实现电动机快速制动，防止电动机在降速或制动过程中变频器出现过电压。制动单元电路由制动开关管 V_B、二极管 VD_B 及 P、PR 外接的制动电阻组成。外接制动电阻的功率与阻值应根据电动机的额定电流来选择。

2. 变频器控制回路接线端子

如图 13-11 所示，STF 为正转信号，STR 为反转信号，SD 为公共输入端子。STF 为"ON"时电动机正转，为"OFF"时电动机停止；STR 信号为"ON"时电动机反转，为"OFF"时电动机停止。RH、RM、RL 信号为多段速度的选择信号端子，该功能的使用还需参数设置配合。

10、2、4、5 端子用于频率设定，2、5 之间为电压输入信号（DC：0～5V 或 0～10V，由参数设定），4、5 之间为电流信号。频率设定可以通过电位器或数控系统设定（外部方式），也可以通过面板设定（内部方式），具体由参数设置。

A、B、C 端子为报警输出，A 为正常时开路，保护功能动作时闭路；B 为正常时闭路，保护功能动作时开路；C 为 A、B 的公共端。RUN、SE 为运行状态输出，AM、5 为模拟信号输出。

3. 主轴驱动装置连接实例

某数控车床主轴电路如图 13-12 所示。采用模拟主轴（变频器 H1-A1）控制，配置 3kW、2880r/min 的交流异步电动机（H1-M1），这是一个速度开环控制系统。CNC 输出的模拟信号（0～10V）到变频器 2、5 端，从而控制电动机的转速，通过设置变频器的参数，实现从最低速到最高速的调速；H1-K1 为主轴交流接触器，接通/断开主轴动力电源；主轴

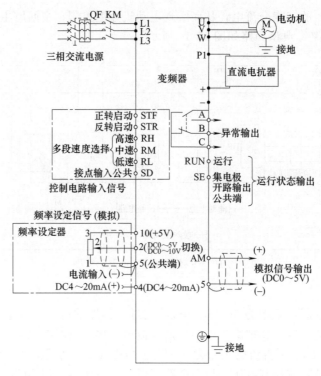

图 13-11　三菱 FR-S500 系列变频器系统组成及端子接线

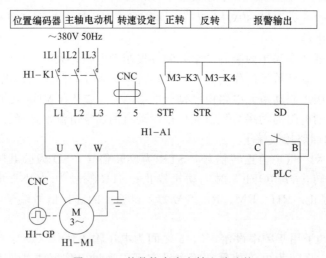

图 13-12　某数控车床主轴电路连接

上的位置编码器 H1-GP 使主轴能与进给驱动同步控制，以便加工螺纹；M3-K3、M3-K4 为主轴正反转继电器，通过 PLC 控制实现正反转；当变频器有异常情况，通过 B、C 端子输出报警信号到 PLC。

13.4　变频器功能参数设定及操作

13.4.1　变频器参数的设定

下面以三菱变频器 FR-S500 为例，具体说明变频器主要参数的含义及设定。按其功能

不同，参数分为 7 类：基本功能参数（Pr. 0～Pr. 9 和 Pr. 30、Pr. 79）、扩张功能参数
（Pr. 10～Pr. 29、Pr. 31～Pr. 78 和 Pr. 80～Pr. 99）、保养功能参数（H1～H5）、附加参数
（H6～H7）、校正参数（C1～C8、CLr 和 ECL）、通信参数（n1～n12）、PU 用参数（n13～
n17）。

1. 基本功能参数

基本功能参数主要用来设定频率范围、速度范围、加/减速时间、扩张功能显示、操作
模式等。

① Pr. 0：转矩提升设定。把低频领域的电动机转矩按负荷要求调整。设定范围都为 0～
15%，通常设定为 4%～6%。

② Pr. 1～Pr. 3：频率范围设定。Pr. 1 为上限频率，Pr. 2 为下限频率，Pr. 3 为基波频
率（电动机额定转矩时的基准频率）。基波频率为变频器对电动机进行恒功率控制和恒转矩
控制的分界线，通常按电动机的额定频率设定。Pr. 1～Pr. 3 设定范围都为 0～120Hz，出厂
值分别为 50Hz、0Hz、50Hz。

③ Pr. 4～Pr. 6：速度范围设定。Pr. 4 为 3 速设定中的高速，Pr. 5 为 3 速设定中的中
速，Pr. 6 为 3 速设定中的低速。它们的设定范围均为 0～120Hz，出厂值分别为 50Hz、
30Hz、10Hz。

④ Pr. 7、Pr. 8：加/减速时间设定。加速时间是指从 0Hz 开始到加减速基准频率 Pr. 20
（出厂时为 50Hz）时所需的时间；减速时间是指从 Pr. 20（出厂时为 50Hz）到 0Hz 所需的
时间。设定范围为 0～999s，出厂值设定均为 5s。

⑤ Pr. 30：扩张功能显示选择。仅显示基本功能时设定为 "0"；显示全部参数时设定为
"1"；出厂值为 "0"。

⑥ Pr. 40：启动时接地检测选择。设定启动时是否进行接地检测。"0" 为不检测；"1"
为检测。

⑦ Pr. 79：操作模式选择。变频器的操作模式可以用外部信号操作，也可以用 PU（旋
钮，RUN 键）操作。任何一种操作模式都可固定或组合使用。主要的设定值范围及对应的
操作模式选择见表 13-1，出厂值分别为 0、1、2、3 和 1。

表 13-1　Pr. 79 设定值范围及对应的操作模式选择

设定值	内　　容	
0	PU/EXT 键可切换 PU(设定用旋钮,RUN 键)操作或外部操作	
1	只能执行 PU(设定用旋钮,RUN 键)	
2	只能执行外部操作	
3	运行频率	启动信号
	①用设定旋钮设定 ②多段速选择 ③4～20mA(仅当 Au 信号 ON 时有效)	外部端子(STF、STR)
4	运行频率	启动信号
	外部端子信号(多段速,DC0～5V 等)	
7	PU 操作互锁 (根据 MRS 信号的 ON/OFF 来决定是否可移往 PU 操作模式)	
8	操作模式外部信号切换(运行中不可) 根据 X16 信号有 ON/OFF 移往操作模式选择	

2. 扩张功能参数

主要用于应用功能选择，如变频器的启动频率选择、运行旋转方向选择、输入电压规格选择等。

① Pr. 13：启动频率。启动时，变频器最初输出的频率对启动转矩有很大影响。启动频率的参数设置是为确保电动机启动时有足够的转矩，避免电动机无法启动或在启动过程中过流跳闸。用于升降时，启动频率为 1～3Hz，最大也只能到 5Hz；用于升降之外时，出厂值为 0.5Hz，其范围为 0～60Hz。

② Pr. 17：运行旋转方向选择。用操作面板的 RUN 键运行时，选择旋转方向。"0"为正转；"1"为反转；出厂值为"0"。

③ Pr. 19：基波频率电压。它表示基波频率时的输出电压的大小。"888"为电源电压的 95%；"——"为与电源电压相同。其设定范围为 0～800V、"888"、"——"，出厂值为"——"。

④ Pr. 37：旋转速度显示。它可以把操作面板的频率显示/频率设定变换成负荷速度的显示。"0"为输出频率的显示；"0.1～999"为负荷速度的显示（设定 60Hz 运行时的速度）。出厂值为"0"或"0.1～999"。

⑤ Pr. 38：频率设定电压增益频率。可以任意设定来自外部的频率设定电压信号（0～5V 或 0～10V）与输出频率的关系（斜率）。设定范围为 1～120Hz，出厂值为 50Hz。

⑥ Pr. 39：频率设定电流增益频率。可以任意设定来自外部的频率设定电流信号（4～20mA）与输出频率的关系（斜率）。设定范围为 1～120Hz，出厂值为 50Hz。

⑦ Pr. 52：操作面板显示数据选择。选择操作面板的显示数据。"0"为输出频率；"1"为输出电流；"100"为停止中设定频率/运行中输出频率。出厂值为"0"。

⑧ Pr. 53：旋钮功能选择。"0"用旋钮频率设定模式；"1"为旋钮音量调节模式。

⑨ Pr. 54：AM 端子功能选择。选择 AM 端子所连接的显示仪器。"0"为输出频率监视；"1"为输出电流监视。出厂值为"0"。

⑩ Pr. 60～Pr. 63：分别对应 RL、RM、RH、STR 端子功能选择。设定值及对应功能如下："0"为 RL 信号（多段速低速运行指令）；"1"为 RM 信号（多段速中速运行指令）；"2"为 RH 信号（多段速高速运行指令）；"3"为 RT 信号（第 2 功能选择）；"4"为 AU 信号（输入电流选择）；"5"为 STOP 信号（启动自保持选择）；"6"为 MRS（输出停止）；"7"为 OH（外部过电流保护输入）；"8"为 REX（多段速 15 速选择）；"9"为 JOG（点动运行选择）；"10"为 RES（复位）；"14"为 X14（PID 控制有效端子）；"16"为 X16（PU 操作/外部操作切换）；"——"为 STR（反转启动，仅在 STR 端上可安排）。出厂值分别为"0"、"1"、"2"、"3"、"——"。

⑪ Pr. 64～Pr. 65：分别对应 RUN 和 A、B、C 端子功能选择。可以选择下述输出信号："0"为 RUN（变频器运行中）；"1"为 SU（频率到达）；"3"为 OL（过负荷报警）；"4"为 FU（输出频率检测）；"11"为 RY（运行准备完了）；"12"为 Y12（输出电流检测）；"13"为 Y13（零电流检测）；"14"为 FDN（PID 下限限定信号）；"15"为 FUP（PID 上限限定信号）；"16"为 RL（PID 正转反转信号）；"93"为 Y93（电流平均值监视器信号，只有 RUN 端子可以分配）；"95"为 Y95（检修定时警报）；"98"为 M（轻故障输出）；"99"为 ABC（报警输出）。出厂值分别为"0"、"99"。

⑫ Pr. 73：输入电压规格选择。可设定端子 2 的输入电压规格，"0"为 DC0～5V 输入电压；"1"为 DC0～10V 输入电压。出厂值为"1"。

⑬ Pr. 77：参数写入禁止选择。可选择参数是否可写入。"0"为在 PU 操作模式下，仅

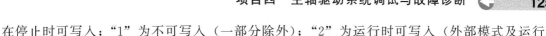

在停止时可写入；"1"为不可写入（一部分除外）；"2"为运行时可写入（外部模式及运行中）。出厂值为"0"。

⑭ Pr.78：反转防止选择。可防止启动信号误输入而引起的事故。"0"为正转、反转均可；"1"为反转不可；"2"为正转不可。出厂值为"0"。

3. 保养功能参数

主要用来设定检修定时等。

① H1：检修定时设定。检修定时（累积通电时间）的设定值以1000h为单位进行表示，但是参数不能被写入。设定范围为"0"～"999"，实际设定为"0"。

② H2：检修定时警报输出时间设定。当检修定时超过H2时，则输出Y95信号，将Y95信号通过Pr.64以及Pr.65上进行定义。设定范围为"0"～"999"和"——"，出厂值为"36"（36000h）。

4. 校正参数

主要用来进行AM端子校正、参数清零等。

① C1：AM端子校正。模拟信号输出接在端子AM-5之间，可对显示仪表的刻度进行校对。

② C2：频率设定电压偏置频率。可以任意设定来自外部的频率设定电压信号（0～5V或0～10V）与输出频率大小（斜率）的关系。设定范围为0～60Hz，出厂值为0Hz。

③ C3：频率设定电压偏置。调整用校正参数C2设定频率的模拟电压值。设定范围为0～300％，出厂值为0％。

④ C4：频率设定电压增益。调整用Pr.38设定的频率的模拟电压值。设定范围为0～300％，出厂值为96％。

⑤ C5：频率设定电流偏置频率。可以任意设定来自外部的频率设定电流信号（4～20mA）与输出频率大小（斜率）的关系。设定范围为0～60Hz，实际设定为0Hz。

⑥ C6：频率设定电流偏置。调整用校正参数C5设定频率的模拟电流值。设定范围为0～300％，实际设定为20％。

⑦ C7：频率设定电流增益。调整用h39设定的频率的模拟电流值。设定范围为0～300％，出厂值为100％。

⑧ CLr：参数清零。"0"为不实行；"1"为校正值以外的参数初始化（参数清零）；"10"为包括校正值在内的参数初始化（全部清零）。出厂值为"0"。

⑨ ECL：报警履历清零。"0"为不清零；"1"为异常履历清零。出厂值为"0"。

5. PU用参数

主要用来选择显示语言和PU主显示画面数据选择等。

① n13：显示语言选择。"0"、"2"～"7"为英语；"1"为汉语。出厂值为"1"。

② n14：PU蜂鸣器声音控制。"0"为无声；"1"为有声。出厂值为"1"。

③ n16：主显示画面数据选择。"0"为可以选择输出频率/输出电流；"100"为停止时设定频率、运行输出频率。出厂值为"0"。

13.4.2　变频器的操作

变频器编程器不仅可以进行功能参数的设定及修改，而且可以显示报警信息、故障发生时的状态（如故障时的输出电压、频率、电流等）及报警履历等，这些内容都是通过操作变频器来进行显示的。图13-13所示为三菱变频器的操作面板，具体操作如下。

1. 手动操作变频器使电动机运转

① 接通电源时为监视显示画面。

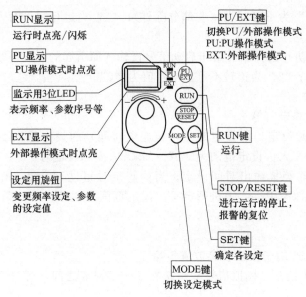

图 13-13 三菱 FR-500 变频器操作面板

② 按"PU/EXT"键，设定 PU 操作模式，PU 灯亮。

③ 旋转设定用旋钮旋到希望设定的频率。

④ 在频率数值闪灭期间（约 5s）按"SET"键，设定频率数。

⑤ 按"RUN"键启动运行，电动机运转。

⑥ 按"STOP/RESET"键停止运行。

2. 参数设定操作

① 接通电源时为监视显示画面。

② 按"PU/EXT"键，设定 PU 操作模式，PU 灯亮。

③ 按"MODE"键，进入参数设定模式，显示以前读出的参数号码。

④ 拨动设定用旋钮，选择要变更的参数号码。

⑤ 按"SET"键读出参数号码当前的设定值。

⑥ 拨动设定用旋钮至希望值。

⑦ 按"SET"键，完成设定。

拨动设定用旋钮，可读出其他参数。按"SET"键，再次显示相应的设定值。按 2 次"SET"键，则显示下一个参数。参数设定完成后，按 1 次"MODE"键，显示报警履历；按 2 次"MODE"键，回到显示器显示。

13.5 任务决策和实施

1. 变频器的连接及检查

（1）主回路的连接及检查

变频器输入接线注意事项如下。

① 根据变频器输入规格选择正确的输入电源。

② 变频器输入侧采用断路器（不宜采用熔断器）实现保护，断路器的整定值应按变频器的额定电流选择，而不应按电动机的额定电流来选择。

③ 变频器三相电源实际接线无需考虑电源的相序。

④ P 和＋端子用来接直流电抗器（为可选件），如果不接时，必须把 P1 和＋端子短接

（出厂时，P1 和＋用短接片短接）。

变频器输出接线注意事项如下。

① 输出侧接线需考虑输出电源的相序。

② 实际接线时，绝不允许把变频器的电源线接到变频器的输出端 U、V、W。

（2）按照电气图完成控制端子相关连接及检查

2. 数控系统有关参数设置和调试

（1）模拟主轴控制功能选择参数设置

参数 3701♯1（ISI）设置选用模拟主轴还是串行数字主轴。"0" 为串行数字量控制主轴；"1" 为模拟量控制主轴。这里设为 "1"。

（2）主轴位置编码器控制功能选用参数设置

参数 4002♯1 设置是否使用主轴位置编码器。"0" 为不用；"1" 为使用主轴位置编码器。实训平台使用了主轴位置编码器，因此这里设为 "1"。

（3）主轴与主轴位置编码器的传动比参数设置

参数 3706♯0（PG2）、3706♯1（PG1）的组合决定主轴与位置编码器的传动比，如表 13-2 所示。

表 13-2 PG2 和 PG1 与主轴、位置编码器的倍率

倍 率	PG2	PG1	备 注
×1	0	0	
×2	0	1	倍率＝主轴转速/位置编码器转速
×4	1	0	
×8	1	1	

这里主轴与位置编码器传动比为 1∶1，因此 3706♯0（PG2）、3706♯1（PG1）均设为 "0"。

（4）主轴齿轮挡位的最高速度参数设置

为使主轴在低速段能输出大转矩满足强力切削要求及充分发挥电动机切削功率，机床常采用齿轮变速箱进行换挡变速。主轴第 1～4 挡最高转速分别为系统参数 3741～3744 设定。对于模拟主轴而言，CNC 输出给变频器的模拟电压与主轴速度关系如图 13-14 所示。

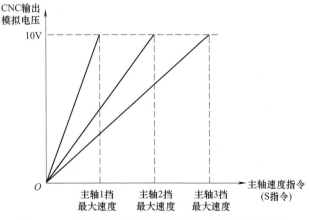

图 13-14 主轴各挡输出模拟电压与主轴速度关系图

若一数控车床主轴传动有 1～3 个挡位，主轴与电动机速度比分别为 1∶3、1∶2、1∶1，电动机最高速度为 3000r/min，则参数 3741～3743 分别设为 3000×1/3＝1000、3000×

1/2＝1500、3000×1/1＝3000。在执行转速指令时，CNC 根据不同挡位输出模拟电压。假设 CNC 执行 S1000，主轴倍率为 100%，则当主轴在第 1 挡时 CNC 输出模拟电压 10V；在第 2 挡时输出 10×1000/1500≈6.6V；在第 3 挡时输出 10×1000/3000≈3.3V。对于车床系统，主轴位于哪个挡位，需要 PMC 通过信号 G28.1、G28.2 通知 CNC 系统。

这里所调试的数控车床无变挡机构，主轴电动机频率范围为 33～200Hz，这里设定电动机最高转速为 3000r/min（对应频率约 110Hz）。主轴与电动机通过皮带传动，速度比为 130/230，则参数 3741（主轴 1 挡最高速度）设为 3000×130/230＝1695。

（5）主轴速度模拟输出的增益调整和偏置补偿

系统参数 3730 设定主轴速度模拟输出的增益调整值，数据单位为 0.1%。调整方法如下。

① 设定标准值 1000。

② 指令使输出电压为最大电压 10V 的理论主轴转速。

③ 测量输出电压。

④ 在参数 3730 设定由以下公式计算得到的值。

$$设定值＝\frac{10V}{测定电压(V)}×1000$$

⑤ 参数设定后，再次指令使输出电压为最大电压 10V 的理论主轴转速，确认输出电压是 10V。

系统参数 3730 设定主轴速度模拟输出偏置电压的补偿值。调整方法如下。

① 设定标准值 0。

② 指令使输出电压为 0V 的理论主轴转速。

③ 测量输出的偏置电压。

④ 在参数 3731 设定由以下公式计算得到的值。

$$设定值＝\frac{-8192×偏置电压(V)}{12.5}$$

⑤ 参数设定后，再次指令使输出电压为 0V 的理论主轴转速，确认输出电压是 0V。

3. 变频器相关参数设置和调试

（1）变频器相关参数设置

① 基本功能参数设置

Pr.0：转矩提升设定为 4%～6%。

Pr.1～Pr.3：Pr.1 上限频率、Pr.2 下限频率分别设定为 110Hz、0Hz，Pr.3 基波频率通常按电动机的额定频率设定，这里设为 33Hz。

Pr.79：设定为 0，PU/EXT 键可切换 PU（设定用旋钮，RUN 键）操作或外部操作。

Pr.7、Pr.8：加/减速时间可先按推荐值设定，根据主轴实际情况进行调整。

其他基本功能参数可参照三菱 FR-S500 使用手册按推荐值设定。

② 扩展功能参数设置

Pr.19：基波频率电压，设定为电动机的额定电压 380V。

Pr.38：该参数设定的频率为输入模拟电压为 10V 时所对应的频率，而 10V 对应电动机的最高速度，电动机最高转速 3000r/min 时的电源频率约为 110Hz，因此 Pr.38 设定为 110Hz。

Pr.73：设定为"1"，即变频器端子 2 的输入电压规格选择为 DC0～10V。

其他扩展功能参数可参照三菱 FR-S500 使用手册推荐值设定。

（2）变频器空载运行

① 手动操作变频器使电动机运转。方法见前面内容介绍。

② 变频器在外部模式下控制电动机运转。

a. 按"PU/EXT"键，设定 EXT 操作模式，EXT 灯亮。

b. 运行主轴运转指令，如"M03 S500"，检测主轴运转方向和速度是否符合要求。可通过调整变频器参数 Pr.38 或系统参数 3741 等对电动机速度进行调整。

③ 变频器带载试运行。手动操作变频器面板的运行停止键，观察电动机运行停止过程及变频器的显示窗，看是否有异常现象。根据情况对参数进行调整。例如在启动、停止电动机过程中变频器出现过流或过压保护动作，可适当延长加速、减速时间，改变启动/停止的运行曲线等。

13.6　检查和评估

检查和评分表如表 13-3 所示。

表 13-3　项目检查和评分表

序号	检查项目	要　　求	评 分 标 准	配分	扣分	得分
1	变频器的连接	1. 正确完成变频器主回路的连接 2. 正确完成变频器控制端子相关连接 3. 接线端子连接可靠	1. 变频器的电源线接到变频器的输出端 U、V、W，则扣除 20 分 2. 输出端 U、V、W 相序与图纸不符，扣 10 分 3. 控制端子相关连接每处错误扣 5 分 4. 接线端子存在不可靠或松脱，每处扣 5 分	20		
2	数控系统主轴相关参数设置	1. 能够合理设置模拟主轴控制功能选择、主轴位置编码器、主轴各挡位速度等参数 2. 能根据主轴运转情况对主轴速度模拟输出的增益调整参数、偏置补偿参数、主轴各挡位速度设置参数等进行调整	模拟主轴控制功能选择、主轴位置编码器、主轴各挡位速度等参数未设置或设置不合理每处扣 6 分	30		
3	变频器相关参数设置	1. 能够合理设置上下限频率、加减速时间、基波频率、最大频率、基波频率时输出电压等参数 2. 能根据主轴运转情况对上下限频率、加减速时间、基波频率、最大频率参数等进行调整	上下限频率、加减速时间、基波频率、最大频率、基波频率时输出电压等参数未设置或设置不合理每处扣 5 分	30		
4	主轴调试	1. 能够手动操作变频器使电动机运转 2. 在自动方式下对主轴进行运转调试，检测主轴运转方向和速度是否与程序指令相符。速度与指令误差不超过 5%	1. 未按要求进行主轴调试工作，扣该部分全部配分 2. 主轴运转方向或速度与程序指令相符，则根据具体问题在前面各项中扣分	10		

序号	检查项目	要　　求	评分标准	配分	扣分	得分
5	其他	1. 操作要规范 2. 在规定时间完成(40分钟) 3. 工具整理和现场清理	1. 操作不规范每处扣5分,直至扣完该部分配分 2. 超过规定时间扣5分,最长工时不得超过50分钟 3. 未进行工具整理和现场清理者,扣10分	10		
备注			合计	100		

13.7　知识拓展——变频器的调试

1. 变频器的空载通电检验。

① 将变频器的接地端子接地。

② 将变频器的电源输入端子经过漏电保护开关接到电源上。

③ 检查变频器显示窗的出厂显示是否正常,如果不正确,应复位,否则要求退换。

④ 熟悉变频器的操作键。

一般的变频器均有运行（RUN）、停止（STOP）、编程（PROG）、数据/确认（DATA/ENTER）、增加（UP、▲）、减少（DOWN、▼）等6个键,不同变频器操作键的定义基本相同。此外有的变频器还有监视（MONTTOR/DISPLAY）、复位（RESET）、寸动（JOG）、移位（SHIFT）等功能键。

2. 变频器带电动机空载运行

① 设置电动机的功率、极数,要综合考虑变频器的工作电流。

② 设定变频器的最大输出频率、基频、设置转矩特性。U/f 类型的选择包括最高频率、基本频率和转矩类型等项目。最高频率是变频器与电动机系统可以运行的最高频率,由于变频器自身的最高频率可能较高,当电动机允许的最高频率低于变频器的最高频率时,应按电动机及其负载的要求进行设定。基本频率是变频器对电动机进行恒功率控制和恒转矩控制的分界线,应按电动机的额定电压进行设定。转矩类型指的是负载是恒转矩负载还是变转矩负载。用户根据变频器使用说明书中的 U/f 类型图和负载特点,选择其中的一种类型。通用变频器均备有多条 U/f 曲线供用户选择,用户在使用时应根据负载的性质选择合适的 U/f 曲线。如果是风机和泵类负载,要将变频器的转矩运行代码设置成变转矩和降转矩运行特性。为了改善变频器启动时的低速性能,使电动机输出的转矩能满足生产负载启动的要求,要调整启动转矩。在异步电动机变频调速系统中,转矩的控制较复杂。在低频段,由于电阻、漏电抗的影响不容忽略,若仍保持 U/f 为常数,则磁通将减小,进而减小了电动机的输出转矩。为此,在低频段要对电压进行适当补偿以提升转矩。一般变频器均由用户进行人工设定补偿。

③ 将变频器设置为自带的键盘操作模式,按运行键、停止键,观察电动机是否能正常地启动、停止。

④ 熟悉变频器运行发生故障时的保护代码,观察热保护继电器的出厂值,观察过载保护的设定值,需要时可以修改。变频器的使用人员可以按变频器的使用说明书对变频器的电子热继电器功能进行设定。电子热继电器的门限值定义为电动机和变频器两者的额定电流的比值,通常用百分率表示。当变频器的输出电流超过其允许电流时,变频器的过电流保护将切断变频器的输出。因此,变频器电子热继电器的门限最大值不超过变频器的最大允许输出电流。

3. 带载试运行

① 手动操作变频器面板的运行停止键，观察电动机运行停止过程及变频器的显示窗，看是否有异常现象。

② 如果启动、停止电动机过程中变频器出现过流保护动作，应重新设定加速、减速时间。电动机在加、减速时的加速度取决于加速转矩，而变频器在启、制动过程中的频率变化率是用户设定的。若电动机转动惯量或电动机负载变化，按预先设定的频率变化率升速或减速时，有可能出现加速转矩不够，从而造成电动机失速，即电动机转速与变频器输出频率不协调，从而造成过电流或过电压。因此，需要根据电动机转动惯量和负载合理设定加、减速时间，使变频器的频率变化率能与电动机转速变化率相协调。检查此项设定是否合理的方法是先按经验选定加、减速时间进行设定，若在启动过程中出现过流，则可适当延长加速时间；若在制动过程中出现过流，则适当延长减速时间。另一方面，加、减速时间不宜设定太长，时间太长将影响生产效率，特别是频繁启、制动时。

③ 如果变频器在限定的时间内仍然保护，应改变启动/停止的运行曲线，从直线改为 S 形、U 形线或反 S 形、反 U 形线。电动机负载惯性较大时，应该采用更长的启动停止时间，并且根据其负载特性设置运行曲线类型。

④ 如果变频器仍然存在运行故障，应尝试增加最大电流的保护值，但是不能取消保护，应留有至少 10%~20% 的保护余量。

⑤ 如果变频器运行故障还是发生，应更换更大一级功率的变频器。

⑥ 如果变频器带动电动机在启动过程中达不到预设速度，可能有两种情况。

a. 系统发生机电共振。可以从电动机运转的声音进行判断。采用设置频率跳跃值的方法，可以避开共振点。一般变频器能设定三级跳跃点。U/f 控制的变频器驱动异步电动机时，在某些频率段，电动机的电流、转速会发生振荡，严重时系统无法运行，甚至在加速过程中出现过电流保护使得电动机不能正常启动，在电动机轻载或转动惯量较小时更为严重。普通变频器均备有频率跨跳功能，用户可以根据系统出现振荡的频率点，在 U/f 曲线上设置跨跳点及跨跳宽度。当电动机加速时可以自动跳过这些频率段，保证系统能够正常运行。

b. 电动机的转矩输出能力不够，不同品牌的变频器出厂参数设置不同，在相同的条件下，带载能力不同，也可能因变频器控制方法不同，造成电动机的带载能力不同；或因系统的输出效率不同，造成带载能力会有所差异。对于这种情况，可以增加转矩提升量的值。如果达不到，可用手动转矩提升功能，不要设定过大，电动机这时的温升会增加。如果仍然不行，应改用新的控制方法，如日立变频器采用 U/f 比值恒定的方法，启动达不到要求时，改用无速度传感器空间矢量控制方法，它具有更大的转矩输出能力。对于风机和泵类负载，应减少转矩的曲线值。

课后练习

1. 采用变频器改造数控车床主轴驱动，CNC 系统与变频器信号有哪些，这些信号的具体作用是什么？

2. 某数控车床采用 FANUC-0i Mate TC 数控系统，画出 CNC 系统与变频器的信号连接图。变频器采用的是安川变频器 G7。

任务 14　模拟量驱动主轴的故障分析和排除

【任务描述】

数控车床数控实训平台（采用模拟主轴）存在以下故障：在 MDI 方式调试主轴时，发现主轴不能正转，但可以反转。另外，主轴转动实际速度与指令要求相差较大，机床无报警信息显示。试排除该故障。

【相关知识】

14.1 变频器的报警代码及可能原因

当变频器检测出故障时，在 LED 监视器上显示该报警内容，并停止变频器的输出。数控机床主轴（模拟量控制）故障信号发出时，可以根据变频器的报警信息判断故障的发生原因。下面以三菱变频器为例进行说明。

变频器的报警或出错按严重程度分为严重故障、轻故障、报警等。检查变频器内部时要注意：电源切断后不久，平波电容上仍有高压，所以要求在电源切断经过 10min 后，在 DC30V 以下，才能用万用表检测变频器。

1. 严重故障

发生严重故障时，保护功能动作，切断变频器输出，输出异常信号。

① 加速时过电流故障 OC1。加速运行中，当变频器输出电流达到或超过变频器额定电流约 200% 时，保护回路动作，停止变频器输出。故障产生的可能原因是：加速时间设定过短；电动机侧短路；变频器输出侧短路、接地；电流监控板不良等。

② 恒速时过电流故障 OC2。恒速运行中，当变频器输出电流达到或超过变频器额定电流约 200% 时，保护回路动作，停止变频器输出。故障产生的可能原因是：负荷过重；转矩提升设定值过大；电动机侧短路；变频器输出侧短路、接地；电流监控板不良等。

③ 减速时过电流故障 OC3。减速运行中（加速、恒速运行之外），当变频器输出电流达到或超过变频器额定电流约 200% 时，保护回路运作，停止变频器输出。故障产生的可能原因是：减速时间设定过短；电动机侧短路；变频器输出侧短路、接地；电流监控板不良等。

④ 加速时再生过电压故障 OV1。加速运行中，因过大的再生能量，发生了浪涌电压，保护回路运作，停止变频器输出。消除故障的方法是：需安装较合理的直流电抗器。

⑤ 恒速中再生过电压故障 OV2。恒速运行中，因过大的再生能量，发生了浪涌电压，保护网路动作，停止变频器输出。消除故障的方法是：需安装较合理的直流电抗器。

⑥ 减速、停止中再生过电压故障 OV3。减速或停止中，因过多的再生能量，发生了浪涌电压，保护回路运作，停止变频器输出。消除故障的方法是：需安装较合理的直流电抗器。

⑦ 电动机过负荷故障 THM。当变频器的内置电子过电流保护检测到由于过负荷或低速运行中冷却能力降低引起电动机过热时，停止变频器输出。故障产生的可能原因是：负荷过重；电动机侧短路等。

⑧ 变频器过负荷故障 THT。电流超过额定输出电流的 150%，而又不到过电流切断（200% 以下）时，电子过电流保护动作，停止变频器输出。故障产生的可能原因是：负荷过重；电动机侧短路等。

⑨ 散热片过热故障 FIN。如果冷却散热片的温度过高，使变频器停止输出。故障产生的可能原因是：周围温度过高；散热风扇损坏；冷却散热片的通风道堵塞；变频器温度监控板不良。

2. 轻微故障

发生轻微故障时，保护功能动作但并不切断输出。例如，风扇故障 FN：内置冷却风扇的变频器的冷却风扇有故障。故障产生的可能原因是：冷却风扇异常。

3. 报警

例如，电压不足 UV：如果变频器的电源电压下降，则控制电路不能发挥正常功能，变频器停止输出。故障产生的可能原因是：三相交流输入电压过低；整流块损坏；电压监控板不良。

14.2　典型故障的诊断

1. 电动机不转

（1）数控系统方面的可能原因

当使用模拟主轴时，系统提供 0～+10V 电压给模拟驱动装置（变频器），从系统 JA8A（FANUC-0i Mate C 为 JA40）接口上的 5/7 脚引出。如果主轴不转，要注意以下问题。

① 梯形图 *SSTP（G29.6）主轴停止信号是否通电。该信号为 0 时，系统的输出模拟电压为 0。

② 主轴倍率系统提供的主轴倍率为 0～254%，若 G30（一个字节）中为全 0 或全 1，即主轴倍率为 0，系统的输出模拟电压为 0。

③ PMC 是否输出主轴旋转方向信号，即主轴正、反转线圈是否通电。

④ SIND（G33.7）决定主轴倍率由 CNC（为 0）给出，还是由 PMC（为 1）给出。如果主轴倍率由 PMC（G33.7=1）给出，而 G32.0～G33.3（PMC 控制主轴速度）为 0，则系统的输出模拟电压为 0。

⑤ 主轴速度参数是否设置合理。如参数 3741 设为 0，则在第 1 挡时，系统的输出模拟电压为 0。

（2）变频器（三菱变频器）方面的可能原因

① 检查主回路：使用的是否是适当的电源电压（可显示在操作单元上）；电动机是否正确连接；"P1" 和 "+" 之间的导体是否脱离。

② 检查输入信号：正转和反转启动信号是否有输入或同时输入；频率设定信号是否为零；当频率设定信号为 4～20mA 时，AU 信号是否接通；漏型、源型的接口是否安装牢固。

③ 检查参数的设定：是否选择了反转限制（Pr.78）；运行模式的选择（Pr.79）是否正确；偏置和增益（C2～C7）的设定是否正确；启动频率（Pr.13）是否大于运行频率；各种运行频率（3 速运行等）的设定是否为零，尤其是上限频率（Pr.1）是否为零。

④ 检查负荷：负荷是否太重；轴是否被锁定。

2. 电动机旋转方向相反

出现电动机旋转方向相反的故障时，可检查以下方面：输出端子 U、V、W 相序是否正确；启动信号（正转、反转）连接是否正确；Pr.17（RUN 键旋转方向选择）的设定值是否正确。

3. 速度与设定值相差很大

（1）数控系统方面的可能原因

① 主轴速度参数是否设置合理。如参数 3741～3744（1～4 挡主轴最高速度）、3772（主轴最高限速）等。

② 主轴倍率是否正常。

（2）变频器（三菱变频器）方面的可能原因

Pr.1、Pr.2、Pr.19、Pr.38、Pr.39、Pr.95 和 C2～C7 等参数设定是否合适；输入信号是否受到外部噪声的干扰（要使用屏蔽电缆）；负荷是否过重。

4. 电动机电流过大

出现电动机电流过大的故障时，可检查以下方面：负荷是否过重；转矩提升设定值是否太大。

14.3 任务决策和实施

1. 故障可能原因分析

该实训平台主轴变频器连接如图 14-1 所示。CNC 输出的模拟信号（0～10V）到变频器 2、5 端，从而控制电动机的转速，KA3、KA4 为主轴正反转继电器，通过 PLC 控制实现正反转。如果主轴一个方向能转，另一个方向不转，可能原因如下。

① 某个旋转方向的 PMC 控制线圈无输出。本例中，若 Y1.0 无输出，则 KA3 继电器触点不闭合，主轴则不能正转。

② 主轴正反转继电器控制线路连接不良或元器件损坏造成断路。若 Y1.0 有 24V 输出，而主轴正反转继电器控制线路中因继电器损坏造成断路，KA3 继电器触点同样不闭合。

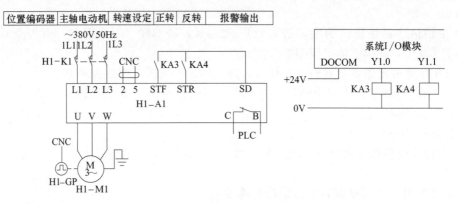

图 14-1 主轴变频器连接

③ 主轴输出极性不对。CNC 上模拟主轴 JA40 接口输出 0～±10V 模拟电压，管脚 SVC、ES 分别为指令电压线和公共线，这里 SVC 接变频器 2 号端子，ES 接 5 号端子。极性是由系统参数 3706♯7（TCW）、3706♯6（CWM）以及 M03 和 M04 指令决定的，如表 14-1 所示。

表 14-1 主轴速度输出时的电压极性

3706♯7(TCW)	3706♯6(CWM)	电压极性
0	0	M03、M04 同时为正
0	1	M03、M04 同时为负
1	0	M03 为正、M04 为负
1	1	M03 为负、M04 为正

通常情况下 3706♯7（TCW）、3706♯6（CWM）均为 0，即 M03、M04 时，管脚 SVC 均输出 0～+10V 模拟电压。当 3706♯7（TCW）、3706♯6（CWM）均为 1 时，执行 M03，管脚 SVC 输出 0～-10V 模拟电压，则变频器不工作。

④ 变频器功能参数设定错误。Pr.78 为反转防止选择参数，"0" 为正转、反转均可；"1" 为反转不可；"2" 为正转不可。

2. 故障诊断和排除思路

① 执行 "M03 S300" 指令，用万用表测量变频器 2 号端子与 5 号端子，2 号端子相对 5 号端子应有 0～+10V 模拟电压，如果电压为负，则检查输出极性。

② 如果输出模拟电压无问题，则用万用表分别测量变频器 SD 端子与 STF、STR 端子

的电压。正常情况下，正转时 SD 端子与 STF 端子应接通，SD 端子与 STF 端子之间的电压应为 0V。如果 SD 端子与 STF 端子直流电压为 24V 左右，说明 SD 端子与 STF 端子未接通，方向信号未接入导致主轴不正转。

SD 端子与 STF 端子未接通，要么是 SD 端子与 STF 端子之间的线路连接有问题，要么是 KA3 常开触点未闭合。如果 KA3 常开触点未闭合，则检查 KA3 线圈两端是否有 24V 左右的直流电压，如果有 24V 直流电压而常开触点未闭合，说明继电器损坏。如果 KA3 线圈两端没有电压，则检查 PMC I/O 模块的 Y1.0 端子是否有约 24V 直流电压输出，如果 Y1.0 端子有 24V 直流电压输出，则说明 Y1.0 端子到 KA3 线圈之间的线路连接不良；如果 Y1.0 端子没有电压输出，则检查梯形图中 Y1.0 是否通电，如果 Y1.0 未通电，则通过梯形图检查哪个条件未满足导致 Y1.0 未通电，如果 Y1.0 通电而 Y1.0 端子没有电压输出，则可能是 I/O 模块某个驱动芯片有问题。

③ 如果 CNC 模拟电压输出正常，SD 端子与 STF 端子也是接通的，则检查变频器功能参数设定。对于三菱变频器 FR-S500，Pr.78 为反转防止选择参数，检查该参数是否设为了"1"或"2"。

④ 主轴速度与设定值相差很大，则检查主轴速度参数是否设置合理，如参数 3741～3744（1～4 挡主轴最高速度）、3772（主轴最高限速）等；检查主轴倍率是否正常；检查变频器方面的可能原因，如 Pr.1、Pr.2、Pr.19、Pr.38、Pr.39、Pr.95 和 C2～C7 等参数设定是否合适。

14.4　检查和评估

检查和评分表如表 14-2 所示。

表 14-2　项目检查和评分表

序号	检查项目	要　　求	评分标准	配分	扣分	得分
1	主轴能反转而不能正转故障	1. 正确使用万用表等电工仪表进行交直流电压、电阻等测量 2. 掌握解决模拟主轴不转或只能正(反)转故障的基本方法,故障诊断思路合理	故障未排除,扣该项全部配分	40		
2	主轴速度与指令相差较大故障	1. 正确使用万用表等电工仪表进行交直流电压、电阻等测量 2. 掌握解决模拟主轴速度与指令相差较大故障的基本方法,故障诊断思路合理	故障未排除,扣该项全部配分	40		
3	其他	1. 操作要规范 2. 在规定时间完成(40 分钟) 3. 工具整理和现场清理	1. 操作不规范每处扣 5 分,直至扣完该部分配分 2. 超过规定时间扣 5 分,最长工时不得超过 50 分钟 3. 未进行工具整理和现场清理者,扣 10 分	20		
备注			合计	100		

14.5　知识拓展——数控车床自动换挡控制及常见故障诊断

1. 数控机床齿轮换挡目的

在大中型数控机床中，主轴采用二级或三级齿轮换挡传动，在每一挡中实现电气无级调速，主轴齿轮换挡常采用液压拨叉和电磁离合器完成自动换挡切换控制。图 14-2 为一数控车床的齿轮换挡主传动结构（电磁离合器控制）。

图 14-2　数控车床三级齿轮换挡

数控机床主轴引入齿轮换挡控制的目的如下。

① 提高主轴低速时的输出转矩，满足主轴低速大转矩的要求。

② 为了满足用户的切削要求，充分发挥主轴电动机的切削功率。

图 14-3 所示为数控机床主轴功率转矩特性，主轴电动机为 15kW，电动机动力通过传动带（$\phi125/\phi172$）传到主轴箱，再经过主轴齿轮换挡传到主轴。

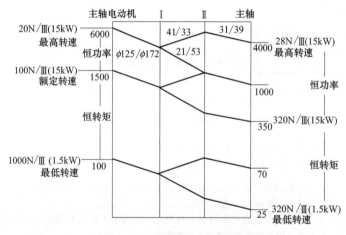

图 14-3　主轴功率转矩特性

从主轴功率转矩特性可以看出，如果电动机与主轴直连或 1∶1 连接，主轴的功率转矩特性完全是由电动机决定的，主轴最低速度为 100r/min，此时主轴的输出转矩为 100N·m，主轴的恒功率调速范围为 1500～6000r/min（恒功率范围为 4 倍）；如该机床采用主轴齿轮换挡传动（包括带传动）时，主轴的最低速度为 25r/min，主轴此时输出的转矩为 320N·m，主轴的恒功率调速范围为 350～4000r/min（恒功率范围为 11 倍多）。

2. 数控车床主轴自动换挡控制。

下面以数控车床 CAK6150Di 为例，阐述数控机床主轴齿轮换挡控制原理和自动换挡中常见的故障及诊断方法。CAK6150Di 数控车床主轴电动机为 7.5kW，电动机动力通过传动带（$\phi130/\phi230$）传到主轴箱，再经过主轴齿轮换挡传到主轴，数控系统为 FANUC-0i Mate TC。加工程序主轴挡位指令是：M41 为主轴低速挡，M42 为主轴中速挡，M43 为主轴高速挡，M40 为主轴空挡。

（1）CAK6150Di 数控车床的主轴齿轮换挡切换传动原理

图 14-4 所示为 CAK6150Di 数控车床齿轮换挡结构简图（图示为高速挡）。

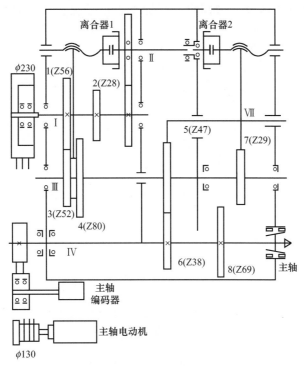

图 14-4　CAK6150Di 数控车床齿轮换挡结构简图

① 主轴高速传动路线。主轴高速挡时，电磁离合器 1 线圈和电磁离合器 2 线圈均不通电（通过 M43 指令控制），主轴电动机动力通过传动带（$\phi130/\phi230$）传到轴Ⅰ，轴Ⅰ上的齿轮 1（Z56）和轴Ⅲ上的齿轮 3（Z52）啮合，把主轴电动机的动力传动到了机床轴Ⅲ；轴Ⅲ上的齿轮 5（Z47）和轴Ⅵ齿轮 6（Z38）啮合，发出高速挡位信号到系统，实现主轴的高速控制。

② 主轴中速传动路线。主轴在高速挡时，电磁离合器 1 线圈获电（通过 M42 指令控制），换挡切换丝杠旋转，从而带动滑移齿轮移动，使齿轮 1 和齿轮 3 脱开，齿轮 2 和齿轮 4 啮合，完成主轴中速挡的切换控制。主轴电动机动力通过传动带（$\phi130/\phi230$）传到轴Ⅰ，轴Ⅰ2 上的齿轮 2（Z28）和轴Ⅲ上的齿轮 4（Z80）啮合，把主轴电动机的动力传到了机床轴Ⅲ；轴Ⅲ上的齿轮 5（Z47）和轴Ⅵ齿轮 6（Z38）啮合，发出中速挡位信号到系统，实现主轴的中速控制。

③ 主轴低速传动路线。主轴在中速挡时，电磁离合器 2 的线圈获电（通过 M41 指令控制），换挡切换丝杠旋转，从而带动滑移齿轮移动，使齿轮 5 和齿轮 6 脱开，齿轮 7 和齿轮 8 啮合，完成主轴中速挡的切换控制。主轴电动机的动力通过传动带（$\phi130/\phi230$）传到轴Ⅰ，轴Ⅰ上的齿轮 2（Z28）和轴Ⅲ上的齿轮 4（Z80）啮合，把主轴电动机的动力传到机床轴Ⅲ；轴Ⅲ上的齿轮 7（Z29）和轴Ⅵ齿轮 8（Z69）啮合，发出低速挡位信号到系统，实现主轴的低速控制。

④ 主轴空转（脱挡手动旋转）。主轴空转时，电磁离合器 1 线圈和电磁离合器 2 线圈均获电（通过 M40 指令控制），主轴电动机通过传动带（$\phi130/\phi230$）将动力传到轴Ⅰ，电磁

离合器 1 线圈获电后，换挡切换丝杠旋转，从而带动滑移齿轮移动，使齿轮 1 和齿轮 3 脱开，齿轮 2 和齿轮 4 啮合，把主轴电动机的动力传到了机床轴Ⅲ；电磁离合器 2 线圈获电后，换挡切换丝杠旋转，从而带动滑移齿轮移动，使齿轮 5 和齿轮 6 脱开，当主轴脱挡到位信号接通，电磁离合器 2 线圈立即断电，使轴Ⅲ和轴Ⅳ保持脱开状态，完成主轴空运行控制。

（2）数控车床主轴齿轮换挡的系统参数设定

数控系统换挡参数设定内容如图 14-5 所示，系统为 FANUC-0i Mate TC 系统。变频电动机的额定频率为 33Hz，频率范围为 33～200Hz，若最高速度设定为 2880r/min，则各挡位速度参数设置如下。

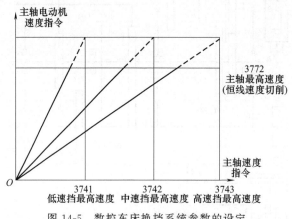

图 14-5　数控车床换挡系统参数的设定

低速挡系统参数 3741：齿轮 2 传到齿轮 4；齿轮 7 传动齿轮 8
$$3741 = 2880 \times 130/230 \times 28/80 \times 29/69 = 235$$

中速挡系统参数 3742：齿轮 2 传到齿轮 4；齿轮 5 传到齿轮 6
$$3742 = 2880 \times 130/230 \times 28/80 \times 47/38 = 700$$

高速挡系统参数 3743：齿轮 1 传到齿轮 3；齿轮 5 传到齿轮 6
$$3743 = 2880 \times 130/230 \times 56/52 \times 47/38 = 2165$$

恒线速度切削时主轴的最高速度限制参数为 3772，该机床设定为 2200r/min。

变频器最高频率的设定应确保电动机在该频率下达到最高设定速度 2880r/min。

（3）数控车床主轴齿轮自动换挡控制流程

数控车床齿轮换挡无论采用什么数控系统，其换挡的工艺要求和控制流程是相同的，所以掌握数控车床换挡控制流程对实际维修很重要。

① 系统发出主轴换挡指令信号。当系统加工程序读到换挡命令（自动换挡 M 代码，如低速挡 M41、中速挡 M42 及高速挡 M43）时，系统转换成主轴换挡指令信号输出。

② 通过挡位检测信号的判别，发出换挡请求指令。

通过系统 PMC 挡位信号的检测，即通过检测换挡指令与实际挡位信号是否一致来判别是否执行换挡请求。

③ 执行换挡控制。当系统发出换挡请求指令后，系统 PMC 发出换挡控制信号，相应的电磁离合器获电动作，实现主轴挡位的切换，同时主轴电动机实现低速转动或摆动控制（正转和反转控制），目的是便于齿轮啮合，防止出现顶齿和打齿现象。

④ 主轴换挡切换信号完成信号输出。当主轴换挡指令和实际挡位信号检测一致时，发出主轴挡位切换完成信号，电磁离合器线断电，同时停止主轴电动机的低速转动或摆动

控制。

　　⑤ 输入系统挡位确认信号。通过系统 PMC 程序，输入机床主轴新的挡位确定信号（FANUC-0i 系统为 G28.2 和 G28.1），同时发出自动换挡辅助功能代码（M 码）完成信号。

　　⑥ 系统发出主轴速度信息。当换挡辅助功能代码完成信号发出后，系统根据主轴速度指令及系统挡位最高速度参数（FANUC-0i 系统参数 3741、3742 和 3743），向主轴放大器发出主轴速度信息（如变频器驱动时，系统发出 0～10V 电压信号）。

　　⑦ 主轴放大器或变频器驱动主轴电动机实现主轴的速度控制。

　　3. 数控车床主轴自动换挡控制的常见故障及诊断方法

　　（1）换挡后机床的主轴指令速度与实际速度不符

　　① 程序换挡速度 M 代码和主轴挡位实际速度不符。如挂低速挡时，指令速度却是高速速度值。

　　② 有关换挡系统参数设定错误。如各挡机械齿轮传动比参数与实际不符或系统参数设定错误，如变频器的最高频率设定不正确。

　　③ 机床主轴实际挡位错误。如机械换挡故障或电气检测信号出错。

　　④ 主轴速度反馈装置故障。如电动机内装传感器故障或主轴独立编码器故障。

　　⑤ 主轴驱动器故障或系统主板不良故障。

　　（2）主轴换挡不能完成（主轴一直在低速转动或摆动）而发出换挡超时报警

　　① 主轴换挡机械控制装置故障。如滑移齿轮导向轴上有厚厚的胶状油渍或滑移齿轮损坏。

　　② 电磁离合器线圈及控制电路故障。

　　③ 机械挡位到位信号开关位置偏差、开关不良或信号接口故障。

　　④ 主轴驱动器不良或系统主板不良。

　　（3）主轴不能执行换挡控制

　　① 系统主板不良。通过系统 PMC 信号的动态跟踪，检查系统是否发出换挡指令，如果 M 代码换挡信号未输出则系统主板不良。

　　② 换挡驱动控制电路故障。可能有 PMC 输出接口损坏、电磁离合器线圈或控制电路故障。

　　③ 自动换挡驱动的机械故障。

课 后 练 习

　　1. 分析主轴不能启动的故障原因。
　　2. 说明变频器出现过电压报警的原因及处理措施。
　　3. 说明变频器出现过电流报警的原因及处理措施。

任务 15　串行数字控制的主轴驱动系统的调试

【任务描述】

　　数控铣床（加工中心）实训平台的数控系统为 FANUC-0i MC，主轴电动机型号为 α8/10000i，无主轴传感器，采用电动机传感器和外接一转检测元件（接近开关）实现主轴准停控制，主轴与电动机传动比为 1∶1。在实训平台上完成主轴控制线路连接，并根据实际配置情况完成相应系统参数的设置，最后完成主轴调试，使主轴能以指定转速旋转，并能实现准停。

【相关知识】

15.1 串行数字主轴特点和产品系列

为了提高主轴控制精度与可靠性，适应现代信息技术发展的需要，从 CNC 输出的控制指令通过网络进行传输，在 CNC 与主轴驱动装置之间建立通信，这种通信一般使用 CNC 的串行接口，因而称为"串行主轴控制"。串行主轴控制与主轴模拟量控制的区别见表 15-1。

表 15-1　串行主轴控制与主轴模拟量控制的区别

项　　目	主轴模拟量控制	串行主轴控制
主轴转速输出	0～10V 的模拟量	通过串行通信传输的内部数字信号
主轴驱动装置	模拟量控制的主轴驱动单元（如变频器）	数控系统专用的主轴驱动装置
主轴电动机	普通三相异步电动机或变频电动机	数控系统专用的主轴伺服电动机
主轴参数设定	在主轴驱动装置上设定与调整	在 CNC 上设定与调整，并利用串行总线自动传送到主轴驱动装置中
主轴位置检测连接	直接由编码器连接到 CNC	从编码器到主轴驱动装置，再由主轴驱动装置到 CNC
主轴正、反转启动与停止控制	利用主轴驱动装置上的外部接点输入信号进行控制	利用 CNC 与 PMC 之间的内部信号进行控制

主轴控制信号通过串行总线传送到主轴驱动装置，主轴驱动装置的状态信息同样可通过串行总线传送到 CNC（PMC），因此，采用串行主轴后还可以节省大量主轴驱动装置与 CNC（PMC）之间的连接线。

FANUC 系统应用的串行主轴电动机有 α/αi 系列和 β/βi 系列，如图 15-1 所示。αi 系列为 21 世纪初推出的，具有高速响应、高精度矢量控制等特点，主要产品有标准型的 αi 系列、广域恒功率输出的 αPi 系列、经济型的 αCi 系列、强制冷却型的 αLi 系列和高电压输入型的 α（HV）i 系列。其中，αLi 系列最高输出转速为 20000r/min；α（HV）i 系列最大额定输出功率可达 100kW，可满足绝大多数数控机床的主轴要求。αi 系列产品用于 FANUC-16i/18i/21i/0iB/0iC 数控系统。

(a)αi系列主轴电动机　　　　(b)βi系列主轴电动机

图 15-1　串行主轴电动机

下面以一个 αi 系列的主轴电动机来说明电动机型号的含义，该电动机型号为 α8/8000HVi。其中 αi 为电动机的系列号，目前 FANUC 系统应用的串行主轴电动机系列有 αi 系列和 βi 系列；8 代表主轴电动机的额定输出功率为 7.5kW；8000 表示电动机的最高转速为 8000r/min；HV 表示电动机为高压型电动机，额定电压为 400V。不标则表示为标准型电动机，额定电压为 200V。

15.2　串行数字主轴的连接

FANUC-0i 系统与 αi 串行主轴的连接如图 15-2 所示。

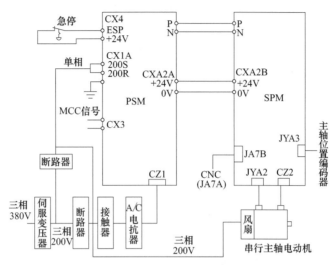

图 15-2　FANUC-0i 系统与 αi 串行主轴的连接

图 15-2 中，电源模块 PSM 将 CZ1 输入的三相交流电（200V）整流、滤波成直流电（DC300V），通过 P、N 端口与主轴模块 SPM 上的 P、N 相连，为主轴模块和伺服模块提供直流电源。电源模块的 CX1A 为 AC200V 输入端口，将 200R、200S 控制端输入的交流电转换成直流电（DC24V、DC5V），为电源模块本身提供控制回路电源；CX4 为 *ESP 急停信号端口，一般与机床操作面板的急停开关的常闭触点相接，不用该端口信号时，必须将其短接，否则系统处于紧停报警状态；CX3 为主电源 MCC（常开触点）控制信号端口，一般用于电源模块三相交流电源输入主接触器的控制；CXA2A 为 DC24V 电源等信息输出端口，与主轴模块上的 CXA2B 相连。

主轴模块上的 JA7B 为串行通信接口，与 CNC 系统的 JA7A 通信接口连接。数控系统根据加工程序的 S 代码和在参数上设定的主轴电动机与机械主轴的传动比以及主轴倍率，求得主轴电动机的转速，通过通信接口将相关速度信号、方向信号等送到主轴驱动模块，从而驱动电动机和主轴运转。

JYA2 连接安装在主轴电动机上的速度传感器，实现主轴速度反馈；JYA3 连接主轴位置编码器，实现主轴位置反馈；CZ2 为主轴电动机的动力电源接口。

15.3　串行数字主轴初始化操作及参数设定

1. 主轴标准参数的初始化

为了实现驱动装置与电动机之间的匹配和系统的优化控制，需要根据主轴电动机的特性设定相关控制与调节参数（如电压、电流、转速、PWM 载频等）。FANUC 主轴参数初始化就是从主轴模块中按指定的电动机代码进行标准参数自动设定。主轴模块标准参数的初始化步骤如下。

① 在急停状态，打开电源。

② 设定主轴电动机型号，即在参数 4133 中写入主轴电动机型号代码（部分型号电动机代码见表 15-2）。

表 15-2 串行主轴电动机型号代码

代 码	αi 系列电动机型号	代 码	αi 系列电动机型号
308	α3/10000i	403	α12/10000i
310	α6/10000i	242	αC3/6000i
312	α8/8000i	243	αC6/6000i
314	α12/7000i	244	αC8/6000i
316	α15/7000i	245	αC12/6000i
309	α3/12000i	409	αP18/6000i
401	α6/12000i	410	αP22/6000i
402	α8/10000i	411	αP30/6000i

③ 将自动设定主轴模块标准标准值的参数 4019♯7 置为 "1"。

④ 将电源关断，再打开，主轴标准参数设置完毕。

2. 其他主轴相关参数的设定

主轴参数初始化操作只是将主轴电动机参数设置成 FANUC 公司出厂时的标准参数，并没有考虑具体的机床主轴结构和工作要求，因此在初始化后还应该完成其他跟实际机床的具体结构和要求相关的参数设置。

（1）串行数字主轴控制功能选择参数及串行主轴个数选择参数

串行数字主轴控制功能选择参数为 3701♯1，"0" 为串行数字量控制主轴；"1" 为模拟量控制主轴。串行数字主轴个数选择参数为 3701♯4，"0" 为 1 个，"1" 为 2 个。

（2）主轴电动机最高转速设定参数

系统参数 4020 设定主轴电动机最高转速。

（3）主轴齿轮挡位的最高速度设定参数

主轴第 1～4 挡最高转速设定参数分别为 3741～3744。

（4）主轴检测装置相关设定参数

主轴检测装置相关设定参数为 4000～4015，具体设置见 15.2.4 相关内容介绍。

（5）主轴与主轴位置编码器的传动比参数

参数 3706♯0（PG2）、3706♯1（PG1）的组合决定主轴与位置编码器的传动比，通常设为 "00"，即传动比为 1：1。

（6）主轴速度到达检测功能参数

主轴速度到达检测功能参数为 3708♯0，"0" 为不检测主轴到达信号，"1" 为检测主轴到达信号。如果设定为 "1"，系统 PMC 控制中还要编制程序实现切削进给的开始条件。

如果主轴需要定向准停或自动换挡，则需要设定主轴定向准停角度参数 4077、主轴定向或换挡速度参数 3732、1～4 挡主轴齿轮传动比参数 4056～4059 等。

15.4 串行数字主轴典型的反馈检测器配置

1. 主轴反馈检测器的种类

FANUC 主轴检测器用以实现主轴速度和位置（主轴转角）反馈控制，分安装在电动机尾部的电动机传感器（内置检测器）和安装在机械主轴侧的主轴传感器（外置检测器）两类。典型电动机传感器和主轴传感器类型分别见表 15-3 和表 15-4 所示。

表 15-3　典型电动机传感器类型

检测器的种类	脉冲数/转	适合电动机的型号
Mi 传感器 （只有 A/B 信号）	64λ/r	α0.5i
	128λ/r	α1/15000～α6/12000i
	256λ/r	α8/8000～α30/6000i,αpi,αHVi 所有系列
MZi 传感器 （除 A/B 相外,还有 Z 相信号, 即一转信号）	2048p/r(64λ/r)	α0.5
	2048p/r(128λ/r)	α1/15000～α6/12000(i)
	4096 p/r(256λ/r)	α6～40i,αpi,αHVi 所有系列
高分辨率磁性脉冲编码器 （Cs 轮廓控制用）	90000p/r(128λ/r)	α2～40i,αpi,αHVi 所有系列

表 15-4　主轴传感器类型

检测器的种类	脉冲数/转	传感器/检测环外形
BZi 传感器 （模拟的 A/B 相、Z 相信号）	128λ/r	传感器安装环外形:φ100(检测环外形:φ52)
	256λ/r	传感器安装环外形:φ140(检测环外形:φ103)
	512λ/r	传感器无安装环(检测环外形:φ210)
	318λ/r	传感器无安装环(检测环外形:φ158)
高分辨率磁性脉冲编码器 （Cs 轮廓控制用） （模拟的 A/B 相、Z 相信号）	90000p/r(128λ/r)	传感器安装环外形:φ140(磁鼓外形:φ64/65)
	90000p/r(192λ/r)	传感器安装环外形:φ170(磁鼓外形:φ96/97)
	90000p/r(256λ/r)	传感器安装环外形:φ200(磁鼓外形:φ129/130)
	90000p/r(384λ/r)	传感器安装环外形:φ270(磁鼓外形:φ194/195)
αi 位置编码器	1024p/r	数字脉冲信号输出型,检测 A/B 相、Z 相信号
α 位置编码器 S	90000p/r (1024λ/r)	模拟信号输出型,检测 A/B 相、Z 相信号
高分辨率位置编码器	1024p/r(3000λ/r)	除了与位置编码器相当的 A/B 相(1024p/r)、Z 相信号外,还有模拟的 A/B 相信号(3000λ/r),分辨率可达 90000p/r

脉冲数栏的×××p/r（脉冲数/转）是伺服方式中进行位置检测的信号；×××λ/r（齿数/转）是进行电动机速度检测的信号，λ 是传感器输出的模拟信号波形周期。

2. 主轴检测器相关参数

（1）主轴和主轴电动机旋转方向

4000♯0（ROTA1）为"0"：主轴和主轴电动机旋转方向相同；为"1"：主轴和主轴电动机旋转方向相反。

（2）主轴传感器的安装方向

4001♯4（SSDIRC）为"0"：主轴与主轴传感器旋转方向相同；为"1"：主轴和主轴传感器旋转方向相反。

（3）主轴传感器的种类

4002♯0～4002♯3（SSTYP0～SSTYP3）设定主轴传感器的种类，见表 15-5。

表 15-5 主轴传感器种类设定

SSTYP3	SSTYP2	SSTYP1	SSTYP0	主轴传感器的种类
0	0	0	0	无,即不进行主轴位置控制
0	0	0	1	将电动机传感器(内置检测器)用于位置反馈
0	0	1	0	αi 位置编码器
0	0	1	1	分离式 BZi 传感器、CZi 传感器
0	1	0	0	α 位置编码器 S

注意：在使用矩形波 A/B 相 1024p/r 的位置编码器时，应进行与 αi 位置编码器相同的设定（0，0，1，0）。

（4）主轴传感器轮齿（脉冲数/转）的设定

4003♯4～4003♯7（PCPL2～PCPL0、PCTYPE）设定主轴传感器的轮齿，见表 15-6。

表 15-6 主轴传感器轮齿设定

PCPL2	PCPL1	PCPL0	PCTYPE	主轴传感器的轮齿
0	0	0	0	$256\lambda/r$
0	0	0	1	$128\lambda/r$
0	1	0	0	$64\lambda/r$
1	0	0	0	$768\lambda/r$
1	0	0	0	$1024\lambda/r$
1	1	0	0	$384\lambda/r$

注意：① 在主轴上使用 αi 位置编码器（4002♯3，2，1，0＝0，0，1，0）或者 α 位置编码器 S（4002♯3，2，1，0＝0，1，0，0）时，将其设为 0，0，0，0。

② 将电动机传感器用于位置反馈时（4002♯3，2，1，0＝0，0，0，1），不需要设定本参数。

（5）外部一次旋转信号的设定

4004♯3（RFTYPE）、4004♯2（EXTRF）设定安装在主轴上的外部一次旋转信号（接近）开关（连接于 JYA3 接口）的种类。"4004♯3，2"为"0，0"时，不检测外部一次旋转信号；为"0，1"时，检测外部一次旋转信号上升沿；为"1，0"时，检测外部一次旋转信号下降沿。

（6）电动机传感器的种类

4010♯0～4010♯2（MSTYP0～MSTYP2）设定电动机传感器的种类。4010♯2，1，0为"0，0，0"时，电动机传感器的种类为 Mi 传感器；4010♯2，1，0 为"0，0，1"时，电动机传感器的种类为 MZi 传感器、BZi 或 CZi 传感器。

（7）电动机传感器的轮齿设定

4011♯0～4011♯2（VDT1～VDT3）设定电动机传感器的轮齿，见表 15-7。

注意：若是 CZi 传感器 768λ/r 或 1024λ/r 的情形，将本参数设为"0，0，0"，并将 4334 号参数（电动机传感器任意齿数）设为"768"或"1024"。

3. 典型的检测器配置

（1）不进行主轴位置控制时

主轴用检测器配置如图 15-3 所示，Mi 传感器用于主轴速度的检测。相关参数的设定如表 15-8 所示。

表 15-7　电动机传感器轮齿设定

VDT3	VDT2	VDT1	电动机传感器的轮齿
0	0	0	$64\lambda/r$
0	0	1	$128\lambda/r$
0	1	0	$256\lambda/r$
0	1	1	$512\lambda/r$
1	0	0	$192\lambda/r$
1	0	1	$384\lambda/r$

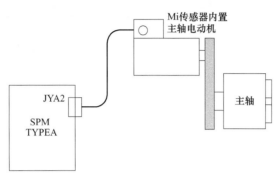

图 15-3　不进行主轴位置控制时的检测器配置

表 15-8　不进行主轴位置控制时的参数设定

参 数	设 定 值	说 明
4002♯3,2,1,0	0,0,0,0	不进行位置控制
4010♯2,1,0	0,0,0	使用 Mi 电动机传感器
4011♯2,1,0	根据检测器而定	电动机传感器轮齿的设定

（2）使用 αi 位置编码器时

检测器配置如图 15-4 所示，Mi 或 MZi 传感器用于主轴速度的检测，αi 位置编码器用于主轴位置检测。相关参数的设定如表 15-9 所示。

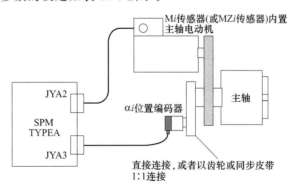

图 15-4　使用 αi 位置编码器时的配置

（3）使用 α 位置编码器 S

检测器配置如图 15-5 所示，Mi 或 MZi 传感器用于主轴速度的检测，α 位置编码器 S 用于主轴位置检测。相关参数的设定如表 15-10 所示。

表 15-9　使用 αi 位置编码器时的参数设定

参　　数	设　定　值	说　　明
4000#0	0/1	主轴与电动机的旋转方向相同/相反
4001#4	0/1	主轴与主轴传感器的安装方向相同/相反
4002#3,2,1,0	0,0,1,0	使用 αi 位置编码器
4003#7,6,5,4	0,0,0,0	主轴传感器轮齿的设定
4010#2,1,0	根据检测器而定	电动机传感器种类的设定
4011#2,1,0	根据检测器而定	电动机传感器轮齿的设定
4056~4059	根据配置而定	主轴与电动机的齿轮比

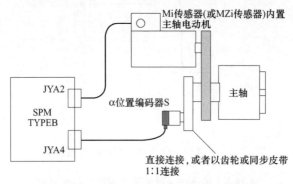

图 15-5　使用 α 位置编码器 S 时的配置

表 15-10　使用 α 位置编码器 S 时的参数设定

参　　数	设　定　值	说　　明
4000#0	0/1	主轴与电动机的旋转方向相同/相反
4001#4	0/1	主轴与主轴传感器的安装方向相同/相反
4002#3,2,1,0	0,1,0,0	使用 αi 位置编码器
4003#7,6,5,4	0,0,0,0	主轴传感器轮齿的设定
4010#2,1,0	根据检测器而定	电动机传感器种类的设定
4011#2,1,0	根据检测器而定	电动机传感器轮齿的设定
4056~4059	根据配置而定	主轴与电动机的齿轮比

（4）使用 MZi、BZi 或 CZi 传感器时

检测器配置分别如图 15-6、图 15-7 所示，MZi、BZi 或 CZi 传感器用于主轴速度和位置的检测。相关参数的设定如表 15-11 所示。

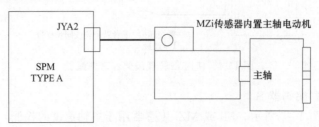

图 15-6　使用 MZi 时的配置

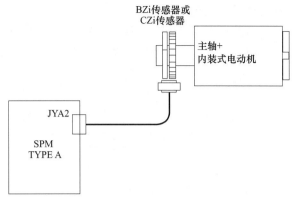

图 15-7 使用 BZi 或 CZi 时的配置

表 15-11 使用 MZi、BZi 或 CZi 时的参数设定

参 数	设 定 值	说 明
4000♯0	0/1	主轴与电动机的旋转方向相同/相反
4002♯3,2,1,0	0,0,0,1	将电动机传感器用于位置反馈
4010♯2,1,0	0,0,1	电动机传感器使用 MZi、BZi 或 CZi 传感器
4011♯2,1,0	根据检测器而定	电动机传感器轮齿的设定
4056~4059	根据配置而定	主轴与电动机的齿轮比

（5）使用分离式 BZi 或分离式 CZi 传感器时

检测器配置分别如图 15-8 所示，Mi/MZi 用于主轴速度检测，分离式 BZi 或分离式 CZi 传感器用于主轴位置的检测。相关参数的设定如表 15-12 所示。

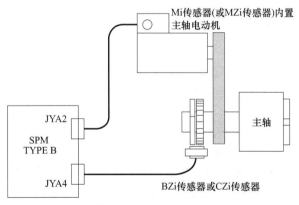

图 15-8 使用分离式 BZi 或分离式 CZi 时的配置

表 15-12 使用分离式 BZi 或分离式 CZi 时的参数设定

参 数	设 定 值	说 明
4000♯0	0/1	主轴与电动机的旋转方向相同/相反
4001♯4	0/1	主轴与主轴传感器的安装方向相同/相反
4002♯3,2,1,0	0,0,1,1	主轴上使用分离式 BZi 或分离式 CZi 传感器
4003♯7,6,5,4	根据主轴检测器而定	主轴传感器轮齿的设定
4010♯2,1,0	根据检测器而定	电动机传感器的种类
4011♯2,1,0	根据检测器而定	电动机传感器轮齿的设定
4056~4059	根据配置而定	主轴与电动机的齿轮比

（6）使用外部一次旋转信号（接近开关）时

使用外部一次旋转信号（接近开关）时，检测器配置分别如图15-9所示，Mi/MZi用于主轴速度和位置检测，主轴侧的接近开关提供外部一次旋转信号。相关参数的设定如表15-13所示。

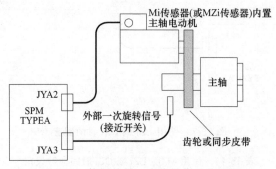

图 15-9 使用外部一次旋转信号的配置

表 15-13 使用外部一次旋转信号时的参数设定

参 数	设 定 值	说 明
4000#0	0/1	主轴与电动机的旋转方向相同/相反
4002#3,2,1,0	0,0,0,1	将电动机传感器用于位置反馈
4004#2	1	外部一转信号有效
4004#3	0/1	接近开关为 NPN/PNP 类型
4010#2,1,0	根据检测器而定	电动机传感器的种类
4011#2,1,0	根据检测器而定	电动机传感器轮齿的设定
4056～4059	根据配置而定	主轴与电动机的齿轮比

15.5 主轴准停控制

1. 主轴准停功能及应用

主轴准停功能又称主轴定向功能。当数控系统接收到准停命令（M19）或机床面板主轴准停信号，主轴按规定的速度（定向速度）旋转，当检测到主轴一次旋转信号后，主轴旋转一个固定角度（可以通过参数修改）停止。

主轴准停功能的具体应用如下。

① 在自动换刀的数控镗铣类加工中心中，为保证正确自动换刀，主轴必须停止在某一固定位置，从而保证刀柄上的键槽与主轴的凸键对准，防止换刀时出现撞刀现象。

② 在精镗孔循环中，为不使刀尖划伤已加工的表面，切削完毕后主轴定向停止，并在定向的反方向偏移一个微小量后返回。

③ 车削加工中心在圆柱面或端面进行铣槽及螺旋槽等特殊功能加工时，要求主轴先准停控制，然后实现主轴旋转与进给轴的插补控制，即 C 轴控制。

2. 主轴准停控制所需的检测器配置

（1）主轴电动机传感器实现主轴准停控制

利用主轴电动机内装传感器发出的主轴速度、主轴位置信号及主轴一次旋转信号实现主轴准停控制，这种方式适用于主轴电动机与主轴直接连接获 1：1 传动的场合，如图15-6、图15-7所示。

这种控制方式要求电动机传感器为带有一次旋转信号的传感器，如 MZi、BZ、CZi 等传感器。相关参数的设定如表15-14所示。

表 15-14　使用电动机传感器实现主轴准停控制的参数设定

参　　数	设　定　值	说　　明
4000♯0	0/1	主轴与电动机的旋转方向相同/相反
4002♯3,2,1,0	0,0,0,1	将电动机传感器用于位置反馈
4010♯2,1,0	0,0,1	电动机传感器使用 MZi、BZi 或 CZi 传感器
4011♯2,1,0	根据检测器而定	电动机传感器轮齿的设定
4015♯0	1	主轴准停功能有效
4056～4059	100	电动机与主轴的齿轮比为 1∶1

（2）主轴传感器实现主轴准停控制

利用与主轴 1∶1 连接的主轴传感器发出的主轴速度、主轴位置及主轴一次旋转信号实现主轴准停控制，这种方式适用于主轴电动机与主轴之间有机械齿轮传动的场合，如图 15-4～图 15-6 所示。参数 4015♯0＝1，其他相关参数根据检测器配置情况分别如表 15-9、表 15-10、表 15-12 所示设定。

（3）电动机传感器和外接一次旋转检测元件（接近开关）实现主轴准停控制

利用主轴外接一次旋转信号开关（接近开关）发出的主轴一次旋转信号和主轴电动机传感器发出的主轴速度和位置反馈信号实现主轴准停控制，这种方式适用于主轴电动机与主轴之间有机械传动的场合，如图 15-9 所示。参数 4015♯0＝1，其他相关参数如表 15-13 所示设定。

15.6　任务决策和实施

1. 完成和检查主轴驱动系统的连接

2. 主轴标准参数的初始化

① 在急停状态打开电源。

② 主轴电动机型号为 α8/10000i，查阅《FANUC AC SPINDLE MOTOR Alpha i/Beta i series 参数说明书》，知该电动机型号代码为 402，在参数 4133 中写入主轴电动机型号代码 402。

③ 将自动设定主轴模块标准值的参数 4019♯7 置为"1"。

④ 将电源关断，再打开，主轴标准参数设置完毕。

3. 其他主轴相关参数的设定

（1）串行数字主轴控制功能选择参数及串行主轴个数选择参数

机床主轴为数字主轴，参数 3701♯1 设为"0"；该机床为 1 个数字主轴，则参数 3701♯4 设为"0"。

（2）主轴电动机最高转速设定

主轴电动机最高转速为 10000r/min，系统参数 4020 设为 10000。

（3）主轴齿轮挡位的最高速度、主轴电动机上限速度和下限速度的设定

对于铣床和加工中心的 M 型换挡（系统参数 3706♯4＝0），可分为两种换挡方式即换挡方式 A（系统参数 3705♯2＝0）和换挡方式 B（系统参数 3705♯2＝1）。

换挡方式 A 如图 15-10 所示，1～3 挡的主轴最高转速（S 代码）分别由参数 3741～3743 设定，主轴电动机下限速度由参数 3735 决定，主轴电动机上限速度由参数 3736 决定（1、2、3 挡均如此）。

参数 3735 的设定计算如下：

$$设定值＝\frac{主轴电动机的下限转速}{主轴电动机的最高转速}×4095$$

参数 3736 的设定计算如下：

$$设定值＝\frac{主轴电动机的上限转速}{主轴电动机的最高转速}×4095$$

A 为 1～2 挡切换点，B 为 2～3 挡切换点。当系统读到主轴速度指令（S 代码）时，根据 A、B 的速度切换数值发出相对应的挡位信号（第 1～3 挡对应 F34.0～F34.2）通知 PMC 进行换挡控制，主轴换挡完成后，系统按对应的挡位曲线计算电动机转速。

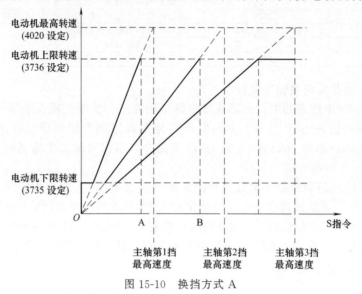

图 15-10 换挡方式 A

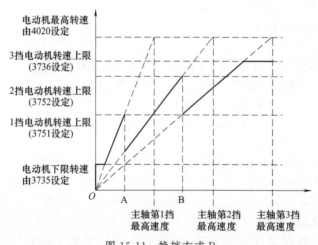

图 15-11 换挡方式 B

换挡方式 B 如图 15-11 所示，主轴电动机在各挡位有不同的上限速度。各挡位的上限速度是通过参数 3751、3752、3736 设定的，其共同的下限速度仍然由参数 3735 设定。各挡位上限速度计算方法与 3736 的设定相同。

本机床无变挡机构（只有第 1 挡），主轴与电动机传动比为 1：1，主轴第 1 挡最高速度为 10000r/min，则 3741 设为 10000。主轴电动机上限转速如果设为 8000r/min，下限转速设为 30r/min，则参数 3736 设为 3276，参数 3735 设为 12。

（4）主轴检测装置相关设定

机床无主轴传感器，采用电动机传感器和外接一次旋转检测元件（接近开关）实现主轴准停控制，则相关参数设置按表 15-15 设定。

（5）主轴定向速度设定

参数 4038 可设为 100，即主轴执行定向时以 100r/min 低速旋转，当检测到主轴一次旋转信号后，主轴旋转一个固定角度（可以通过参数修改）停止。

4. 主轴准停位置（定向）的调试

如果主轴准停位置不符要求，则会影响机床换刀等工作的正常进行。主轴准停位置（定向）的调整方法如下。

表 15-15　主轴检测装置相关参数设定

参　　数	设　定　值	说　　　　　明
4000♯0	0	主轴与电动机的旋转方向相同
4002♯3,2,1,0	0,0,0,1	将电动机传感器用于位置反馈
4004♯2	1	外部一次旋转信号有效
4004♯3	0	接近开关为 NPN 类型
4010♯2,1,0	0,0,0	电动机传感器为 Mi 型编码器
4011♯2,1,0	0,1,0	电动机传感器轮齿为 256λ/r
4056～4059	100	主轴与电动机的齿轮比为 1∶1

① 将系统参数 3117♯1 设定为"1"，则诊断画面中诊断号 445（主轴位置数据显示）有效。

② 将系统参数 4031（位置编码器方式主轴准停位置）设为"0"，系统参数 4077（主轴准停位置偏移量）设为"0"。注意系统参数 4031 的设定范围为 0～4096（4096 对应 360°），4077 的设定范围为 -4095～+4095。

③ 执行主轴准停指令（M19），使主轴准停。

④ 按下急停开关，切断电动机励磁，用手将主轴转动到预期位置，记下 445 诊断号的显示值。

⑤ 将 445 诊断号的显示值写入到系统参数 4077 中。如 445 诊断号为 1024（90°）。

⑥ 将系统参数 3117♯1 重新设定为"0"。

15.7　检查和评估

检查和评分表如表 15-16 所示。

表 15-16　项目检查和评分表

序号	检查项目	要　　求	评分标准	配分	扣分	得分
1	主轴控制线路的连接	1. 能够正确进行主轴控制系统的连接，理解各接口的功能 2. 接线端子连接可靠	1. 连接每处错误扣 10 分 2. 接线端子存在不可靠或松脱，每处扣 5 分	30		
2	数控系统主轴相关参数设置	1. 能够根据主轴电动机型号正确完成主轴的初始化 2. 能根据主轴速度和位置检测器配置及主轴各挡位速度等实际情况正确完成相关参数设定	1. 主轴的初始化未进行或方法不当扣 10 分 2. 主轴速度和位置检测器配置参数、主轴各挡位速度等参数未设置或设置不合理每处扣 5 分	40		
3	主轴调试	1. 在自动方式下对主轴进行运转调试，检测主轴运转方向和速度是否与程序指令相符 2. 能对主轴准停位置进行调整	1. 未按要求进行主轴调试工作，扣该部分全部配分 2. 主轴运转方向或速度与程序指令相符不符，则根据具体问题在前面各项中扣分 3. 主轴准停位置未达到要求扣 10 分	20		
4	其他	1. 操作要规范 2. 在规定时间完成（40 分钟） 3. 工具整理和现场清理	1. 操作不规范每处扣 5 分，直至扣完该部分配分 2. 超过规定时间扣 5 分，最长工时不得超过 50 分钟 3. 未进行工具整理和现场清理者，扣 10 分	10		
备注			合　　计	100		

课 后 练 习

1. 串行主轴驱动装置的电动机电源相序接错会出现什么现象？解释其原因。

2. 某数控铣床采用FANUC-0i MC系统，主轴设计了三级齿轮变挡，主轴低速挡的齿轮传动比为11∶108，中速挡的齿轮传动比为11∶36，高速挡的齿轮传动比为11∶12。主轴电动机的最低转速为150r/min，最高转速为6000r/min。根据机械设计要求，主轴电动机的最高转速设定为4500r/min。设定相关系统主轴参数。

任务 16　串行数字主轴的故障分析和排除

【任务描述】

车间操作人员反映，有两台数控设备出现问题：一数控铣床在加工时，主轴突然停止，系统显示9012号过电流报警，放大器显示"12"报警；另一铣床在运行M03指令后出现主轴速度超差（误差过大）报警，在屏幕上的显示内容为"9002 SPN 1：EX SPEED ERROR"，同时在主轴模块上的七段显示管上显示"02"报警。这两台机床的数控系统均为FANUC-0iMC。排除这两台数控设备的故障。

【相关知识】

16.1　串行数字主轴主要的接口信号

1. PMC 到 CNC 的常用主轴接口信号

（1）PMC 通知 CNC 主轴停止信号

G29.6（*SSTP）信号为"1"时，主轴速度指令输出到主轴放大器；当G29.6信号为"0"时主轴停止。该信号常用于防护门打开、卡盘松开时等危险状态下停止主轴回转。在维修中，如果发现主轴不转又没有报警出现，就需要通过PMC诊断查看这个信号是否为"0"，作为G地址一定是PMC程序将它置"0"或置"1"的。

（2）主轴速度到达信号

G29.4（SAR）为主轴速度到达信号。当主轴速度达到指令速度后（主轴速度反馈装置将实际速度信息传送到CNC中），系统输出（CNC至PMC）主轴速度到达信号（F45.3=1），PMC再根据接收后的信号进行逻辑关系处理，向CNC输出G29.4（SAR）信号（G29.4=1）。该信号是为限制伺服轴进给而设置的，如果主轴没有达到程序指令的速度，进给切削（G01、G02、G03等）不执行。

G29.4信号是否使用取决于系统参数3708#0的设置，当3708#0（SAR）为"1"时检测主轴速度到达信号SAR，为"0"时不检测。

（3）主轴倍率信号

G30.0～G30.7为主轴倍率信号。

（4）主轴转动方向信号

G70.5（SFRA）为主轴正转信号，为"1"时主轴正转；G70.4（SRVA）为主轴反转信号，为"1"时主轴反转。当G70.5、G70.4均为"0"时主轴不转。

（5）机床准备完毕信号

G70.7（MRDYA）为机床准备完毕信号，当G70.7为"0"时数字主轴不运转。G70.7是否使用取决于系统参数4001#0的设置，当4001#0为"1"时使用该信号，为"0"时不使用。

（6）主轴急停信号

G71.1（*ESPA）为主轴急停信号，G71.1 为"0"时主轴处于急停状态。

2. CNC 到 PMC 的常用主轴接口信号

CNC 到 PMC 的常用主轴接口信号如表 16-1 所示。

表 16-1　CNC 到 PMC 的常用主轴接口信号

信　　号	说　　明
F45.0（ALMA）	主轴报警信号，该信号为"1"时，主轴电动机的电源将被切断，主轴停转
F45.1（SSTA）	主轴停止检测信号，当速度小于参数 4024 的值时为"1"，即主轴速度为零
F45.2（SDTA）	速度检测信号，当主轴电动机的速度比参数 4023 设定的速度低时，F45.2（SDTA）为"1"。该信号用于齿轮换挡时通知 PMC 主轴电动机速度是否降至设定速度
F45.3（SARA）	主轴速度到达信号，速度在参数 4022 设定值以内为"1"
F45.4（LTD1）	负载检测信号 1，在参数 4026 设定值以内为"1"
F45.5（LTD2）	负载检测信号 2，在参数 4027 设定值以内为"1"
F45.6（TLMA）	转矩限制中
F45.7（ORARA）	定向（准停）完毕

16.2　串行数字主轴设定调整画面

1. 主轴设定调整画面显示方法

主轴伺服系统参数调整可在主轴设定调整画面下进行。显示主轴设定调整画面方法如下。

① 将系统参数 3111♯1 置为"1"。

② 依次按功能键"SYSTEM"→系统扩展软键→"SYSTEM"，显示主轴设定调整画面。

③ 用软键选择 3 种画面。可分别用软键［SP. SET］、［SP. TUN］、［SP. MON］来选择主轴设定画面（图 16-1）、主轴调整画面（图 16-2）或主轴监控画面（图 16-3）。

④ 使用翻页键［PAGE］可选择显示其它主轴（仅在连接多个主轴串行主轴时）。

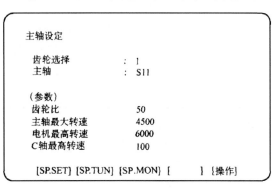

图 16-1　串行主轴设定画面

2. 主轴设定画面

在主轴设定画面中，主轴设定的内容有齿轮选择、主轴、参数等，如图 16-1 所示。

（1）齿轮选择

显示机床侧的主轴齿轮选择状态，1 为主轴第 1 挡，2 为主轴第 2 挡，3 为主轴第 3 挡，4 为主轴第 4 挡。

（2）主轴

对于多主轴的机床，选择对应要设定数据的某一主轴。S11 为第 1 主轴的主放大器；S12 为第 1 主轴的子放大器；S21 为第 2 主轴的主放大器；S22 为第 2 主轴的子放大器。

（3）参数

此处可设定齿轮比（与主轴齿轮挡位相对应的传动比）、主轴最大转速（与主轴齿轮挡位相对应的主轴最高转速）、电动机最高转速、C 轴最高转速（主轴作为 C 轴控制时）等。

3. 主轴调整画面

主轴调整画面如图 16-2 所示。运行方式：显示当前主轴的运行方式，如通常运行、主轴定向、同步控制、刚性攻丝、Cs 轮廓控制。参数：与主轴运行状态相对应主轴的调整参数，如比例增益、积分增益、回路增益、加减速常数等。电动机：显示当前主轴和主轴电动机的转速。

图 16-2　串行主轴调整画面

4. 主轴监控画面

主轴监控画面如图 16-3 所示。主轴报警：当主轴系统出现故障时，显示主轴放大器的报警号和报警内容。负载表显示：显示当前主轴电动机的负载大小（实际输出电流的百分比）。控制输入信号：显示当前主轴输入的控制信号，如 SFR（主轴正转信号）、SRV（主轴反转信号）、ORCM（主轴定向信号）、* ESP（主轴急停信号）、ARST（报警复位信号）等。控制输出信号：显示当前主轴输出的控制信号，如 SST（主轴零速信号）、SDT（主轴速度检测信号）、SAR（主轴速度到达信号）、ORAR（主轴定向结束信号）、ALM（主轴报警信号）等。

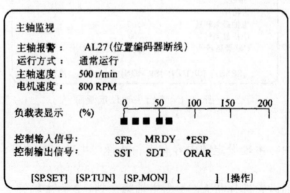

图 16-3　串行主轴监控画面

16.3 串行数字主轴常见故障诊断

串行数字控制的主轴驱动装置通过传输电缆与 CNC 系统进行信息交换。当主轴驱动系统出现故障时，CNC 系统以及主轴模块将会显示相应的报警号。根据报警号可以确定故障原因及故障部位。

16.3.1 系统报警

1. 704 号报警（主轴速度波动检查报警）

在数控车床中（T 系），通常使用主轴速度波动检测功能（G26 指令使之有效，G25 指令取消），当主轴速度偏离指定速度超过一定范围时会产生 704 号报警，以防止主轴咬死等。

704 号报警时需确定下面参数是否正确。

系统参数 4911：认为到达主轴指令速度的转速变动允许率（q）。

$$q = Sq / Sc \times 100$$

式中，q 为波动率，数据单位为 1%；Sq 为主轴的实际转速波动值；Sc 为主轴目标转速。

系统参数 4912：主轴速度波动检测中，不出现报警的主轴速度变动率（r）。

$$r = Sr / Sc \times 100$$

式中，r 为波动率，数据单位为 1%；Sr 为不出现报警的主轴转速波动值。

系统参数 4913：主轴速度波动检测中，不出现报警的主轴速度变动值（Sd）。

主轴速度波动检测中，若主轴实际转速超出目标转速 Sc 允许值（Sr 和 Sd 取其大），即发生报警。

系统参数 4914：主轴转速变化后，到开始检测主轴速度波动的时间（p，单位 ms）。

如果主轴目标速度 Sc 有变化，则在下列情况之一时，开始检测主轴速度的波动。

① 实际主轴速度到达（$Sc - Sq$）~（$Sc + Sq$）范围。

② 在目标速度 Sc 发生变化后，经过参数 4914 设定的时间 p。

主轴速度报警检测范围如图 16-4、图 16-5 所示。

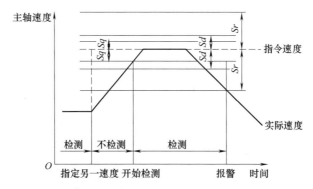

图 16-4 主轴实际速度到达（$Sc - Sq$）~（$Sc + Sq$）处时进行波动检测

704 号报警的诊断步骤如图 16-6 所示。

另外，也需要对主轴速度反馈环节进行检查，包括速度反馈传感器、速度反馈电缆、主轴放大器速度反馈接口等。特别是普通的主轴电动机（不带 Cs 轴控制），主轴速度反馈装置安装在主轴电动机尾部，采用"小模数齿轮＋霍尔元件"作为速度反馈，当传感器与齿轮之间的间隙出现偏差时（如长期使用后，主轴后端轴承跳动，或传感器退磁导致原来的间隙不能感应到正常的速度波形），也容易产生上述报警。通过调整它们之间的间隙，可以有效地解除报警。

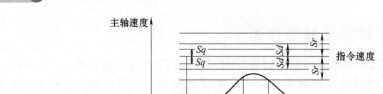

图 16-5　主轴目标速度发生变化经过 p 时进行波动检测

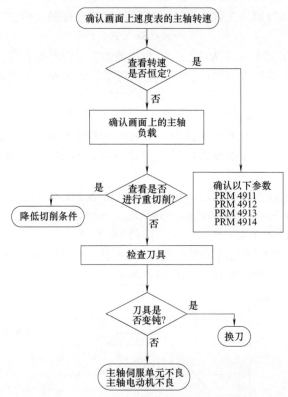

图 16-6　主轴速度波动报警的诊断流程

2.749 号报警（串行主轴通信错误）

串行主轴放大器（SPM）和 CNC 之间发生了通信错误，可能的原因及处理方法如下。

① 连接电缆接触不良、脱落或断线故障。检查连接电缆，找出故障并修复。

② 外界干扰。检查主轴通信电缆的屏蔽是否良好，将电缆与电源线分离。

③ 主轴模块内部电路故障。如果主轴模块状态指示为 A、A1、A2 时，说明主轴模块的内部电路不良，需要更换主轴模块。

④ 系统内主轴控制板故障。如果以上故障都排除后，故障仍然存在，FANUC-0i 系统则需要更换系统母板。

3.750 号报警（主轴串行链启动不良）

CNC 开机时，串行主轴放大器没有达到正常的启动状态时，发生该报警。此报警不是在 CNC 系统正常启动后发生的，而是在电源接通过程中发生故障时引发的。

产生故障的原因及处理方法如下。

① 连接电缆接触不良、脱落或断线故障。检查连接电缆，找出故障并修复。

② 主轴参数设定错误。主轴功能参数设定有误，重新初始化主轴参数。

③ CNC 印制电路板故障。需要更换系统母板。

④ 主轴放大器故障。当主轴模块内部控制电路出现故障时，也会产生该报警。此时应检查主轴模块内部控制电路是否正常工作。

16.3.2　主轴模块报警

当主轴模块出现报警时，主轴模块状态指示窗口有相应的报警代码，同时报警指示灯亮（红色贴膜发光二极管）。当主轴模块出现故障时，FANUC-0iA 系统会出现"751（AL-××）"报警号，FANUC-16i/18i /0iB 会出现"71××"报警号，FANUC-0iC 会出现"9×××"报警号，FANUC-30i/0iD 会出现"SP9×××"报警号。其中"×××"就是主轴模块上的报警号。

表 16-2 所示为 FANUC 的 αi 系列主轴模块报警代码及故障位置和处理方法。

表 16-2　FANUC 的 αi 系列主轴模块报警代码及故障位置和处理方法

SPM 显示	故障内容	故障位置和处理方法
A A1 A2	主轴模块 ROM 出错	SPM 控制电路板上 ROM 系列错误或硬件异常。①更换 SPM 控制电路板上的 ROM。②更换 SPM 控制电路板
01	电动机过热	电动机内部温度超过了规定的温度（热控开关动作）。①检查外围设备的温度以及负载状态。②如果主轴电动机冷却风扇不转，更换风扇。若电动机温度正常，则检查热控开关是否正常
03	DC 回路熔丝断	SPM 中的 DC Link 电压太低，其熔断器烧毁。①更换保险，如果后面电路有短路造成烧保险，必须先解决短路的原因，才能通电。测量后面的 IGBT 或 IPM 是否短路，如果有，更换 SPM。②检查电动机绝缘状态。③更换接口电缆
04	电源输入缺相	①检查电源输入三相交流是否有缺相。②更换主轴模块
06	温度传感器断线	①检查并修正参数。②更换反馈电缆
07	超速	电动机速度超过额定速度的 115%。检查是否有顺序错误（例如，主轴不能转动时，检查是否指定了主轴同步控制）
09	主电路过载/IPM 过热	主轴模块的温度超过规定的温度。①改善散热片的冷缺条件。②如果散热片的风扇停转，更换 SPM 单元
11	PSM DC 链路部分过电压	主轴模块 DC300V 电压超过规定电压。①检查 PSM 是否选择错误（超出 PSM 的最大输出规格）。②检查输入电源电压以及电动机减速时的电压变化，改善电源的阻抗
12	DC 链路部分过电流	电动机输出电流过高。①检查主轴电动机绝缘情况。②主轴电动机参数设定与实际电动机不符，进行主轴参数初始化操作。③主轴模块电流监控电路不良，更换主轴模块
18 19 20	SPM 控制电路部分检测到异常	更换 SPM 单元
24	主轴模块通信异常报警	主轴模块与 CNC 系统通信数据异常。①外界干扰或系统停止工作而主轴模块控制电源还工作，系统重新通电启动。②将 CNC 到主轴的连接电缆远离电源电缆。③通信电缆连接不良或断路，更换电缆

续表

SPM 显示	故障内容	故障位置和处理方法
30	PSM 输入电路过电流	电源电压不平衡，检查改善电源电压
34	主轴参数异常报警	主轴参数设定了超过允许范围的值。检查电动机代码参数是否正确，并执行初始化操作
51	PSM DC 链路电压降低	检查改善电源电压
52 53	检测到 NC 接口异常	①更换 SPM 控制电路板。②更换 CNC 上的主轴接口印制电路板

16.3.3 串行数字控制的主轴速度检测装置故障

目前，主轴电动机的调速控制仍然采用异步变频调速。通过主轴电动机内装速度检测装置的反馈信号实现主轴电动机的速度反馈控制，即具有速度反馈的电流矢量控制，更好地满足了主轴电动机的速度控制精度及动态指标的要求。

主轴电动机速度检测装置的常见故障分析如下。

1. 主轴电动机的速度超差报警（SPM 显示代码 02）

检测到电动机负载转矩过大，主轴电动机的指令速度脉冲数与电动机反馈速度脉冲数的差值超过了规定值。

通过以下几方面进行故障诊断与排除。

① 首先检查切削状态，减小负载。

② 检查主轴参数设定是否正确，并进行系统主轴参数初始化；调整加/减速时间、速度检测器、输出限制等参数。

2. 电动机无法按指令速度旋转（SPM 显示代码 31）

电动机没有按给定的速度旋转，而是停止，或者以极低速旋转。

通过以下几方面进行故障诊断与排除。

① 参数设置有误。

② 电动机相序有误。

③ 电动机反馈电缆 JYA2 有误。请确认 A/B 相信号是否接反，电缆是否断线。如是，更换电缆或电动机。

④ 动力线故障。确认电动机动力线的连接是否正确。

⑤ SPM 故障。更换 SPM。

3. 电动机传感器信号断线（SPM 显示代码 73）

通过以下几方面进行故障诊断与排除。

① 参数设置有误。

② 电缆断线。

③ 传感器调整故障。

④ 屏蔽、干扰故障。

⑤ SPM 故障。更换 SPM。

4. 电动机传感器一次旋转信号检测不到（5PM 显示代码 81）

通过以下几方面进行故障诊断与排除。

① 检查并修正参数。

② 确认电动机与主轴之间没有滑动。

③ 更换反馈电缆。

④ 调整传感器。

⑤ 采取屏蔽、抗干扰措施。

⑥ SPM 故障。更换 SPM。

5. 检测到不规则的电动机传感器反馈信号（SPM 显示代码 83）

SPM 在每产生一次旋转信号时检查 A、B 相的脉冲计数，如果不在规定范围内就报警。通过以下几方面进行故障诊断与排除。

① 参数设置有误。

② 电缆断线。

③ 传感器调控故障。

④ 屏蔽、干扰故障。

⑤ SPM 故障。更换 SPM。

16.3.4 串行数字控制的主轴位置检测装置故障分析

一般情况下，主轴电动机与主轴并不是直接相连的，主轴电动机的内装传感器反馈信号并不是主轴速度和位置的直接反馈信号。要实现主轴的速度和位置（主轴的转角）的精确控制，必须安装独立编码器作为主轴的反馈信号。

1. 位置传感器的极性设定错误（SPM 显示代码 21）

通过以下几方面进行故障诊断与排除。

① 确认位置传感器的极性参数。

② 确认位置传感器反馈电缆的配线。

2. 位置编码器的信号断线（SPM 显示代码 27）

通过以下几方面进行故障诊断与排除。

① 检查并修正参数。

② 更换反馈电缆。

③ 采取屏蔽、抗干扰措施。

④ SPM 故障。更换 SPM。

3. 位置编码器一次旋转信号异常（SPM 显示代码 41）

通过以下几方面进行故障诊断与排除。

① 检查并修正参数。

② 更换位置编码器。

③ 采取屏蔽、抗干扰措施。

④ SPM 故障。更换 SPM。

4. 位置编码器 A、B 相信号异常（SPM 显示代码 47）

通过以下几方面进行故障诊断与排除。

① 检查并修正参数。

② 更换反馈电缆。

③ 采取屏蔽、抗干扰措施。

④ SPM 故障。更换 SPM。

16.4 任务决策和实施

该任务来自企业实际案例，这里给出实际的诊断和排除过程，仅供参考。

1. 主轴 9012 报警的分析和诊断

检查主轴驱动器主回路，发现再生制动回路，主回路的熔断器均熔断，更换后机床恢复正常。但机床正常运行一段时间后，再次出现同样故障。表明该机床主轴系统存在故障，根据报警信息，分析可能存在的主要原因如下：主轴驱动板控制不良；电动机连续过载；电动机绕组存在局部短路。

分析实际加工情况，电动机过载的原因可以排除。由于更换熔断器后可以正常工作一段时间，故主轴驱动器控制板不良的可能性不大。因此，故障可能性最大的是电动机绕组存在局部短路。

维修时仔细测量电动机绕组的各组电阻，发现 U 相对地绝缘电阻较小，拆开电动机检查发现，电动机内部绕组与引出线的绝缘套管已经老化，更换绝缘套，重新连接后对地电阻恢复正常。再次更换熔断器后，机床恢复正常，连续加工一段时间没有再出现此故障。

2. 主轴速度超差故障的分析和诊断

主轴速度超差故障可能原因有负载过大、主轴参数设定不当、输出限制参数和速度检测器出现故障等。

空载时出现该故障，且用手能轻松转动主轴，可排除负载过大的可能。进行系统参数回装后故障现象依旧，因此参数设置不当的可能性也可排除。线路连接也正常。打开主轴后盖，检查内置速度反馈装置。内置速度反馈装置（电动机传感器）的结构和工作原理分别如图 16-7、图 16-8 所示。它是由一个小模数的测速齿轮与一个磁传感器组成，测速齿轮与电动机轴同心，当主轴旋转时，齿面高低的变化感应磁传感器输出一个个正弦波，其频率反映主轴速度的快慢。

图 16-7　电动机传感器结构

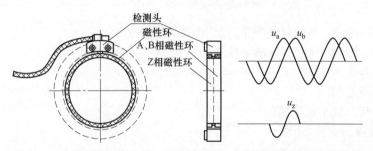

图 16-8　电动机传感器（带一次旋转信号）工作原理及输出信号波形

如图 16-9 所示，对测速齿轮的跳动进行检测，跳动在 0.01～0.02mm 以下，属于正常范围。松开速度反馈装置（电动机传感器）的安装调整螺丝，如图 16-10 所示，调整磁传感器与测速齿轮的间隙后，问题解决。

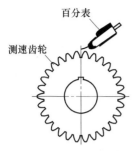

图 16-9   测速齿轮的跳动检测

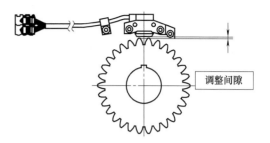

图 16-10   磁传感器与测速齿轮的间隙调整

由于器件原因以及现场条件差异，磁传感器使用较长时间后电气特性会有所改变，例如外界强磁场、强电场的干扰导致磁传感器参数降低，这个时候，就需要适当地调整磁传感器与测速齿轮的间隙，通常是减小它们之间的间隙。

16.5   检查和评估

检查和评分表如表 16-3 所示。

表 16-3   项目检查和评分表

序号	检查项目	要 求	评 分 标 准	配分	扣分	得分
1	主轴不能启动故障	1. 正确使用万用表等电工仪表进行交直流电压、电阻等测量 2. 掌握解决数字主轴不能转动故障的基本方法,故障诊断思路合理	故障未排除,扣该项全部配分	40		
2	主轴速度超差故障	1. 正确使用万用表等电工仪表进行交直流电压、电阻等测量 2. 掌握解决数字主轴速度超差故障的基本方法,故障诊断思路合理	故障未排除,扣该项全部配分	40		
3	其他	1. 操作要规范 2. 在规定时间完成(40分钟) 3. 工具整理和现场清理	1. 操作不规范每处扣5分,直至扣完该部分配分 2. 超过规定时间扣5分,最长工时不得超过50分钟 3. 未进行工具整理和现场清理者,扣10分	20		
备注			合计	100		

16.6   知识拓展——数控铣床和加工中心自动换挡控制及常见故障诊断

下面以台湾协宏机床厂家的龙门数控铣床（数控系统为 FANUC-0iMC）为例，讲解数控铣床主轴换挡控制过程和常见故障诊断方法。

1. 龙门数控铣床的主轴齿轮换挡切换传动原理

如图 16-11 所示，主轴电动机 8 与主轴箱的电动机轴 6 连接，通过电动机轴上的齿轮与滑移齿轮上的大齿轮 5 啮合，把主轴电动机转速传到主轴箱；再通过主轴箱的中间轴上的滑移齿轮上的大齿轮 5 与主轴上的小齿轮 10 啮合，实现主轴高速挡控制，滑移齿轮上的小齿轮 4 与主轴上的大齿轮 2 啮合，实现主轴的低速挡控制。

主轴高速和低速挡位的切换控制是采用液压拨叉来实现自动控制，具体控制如图 16-12

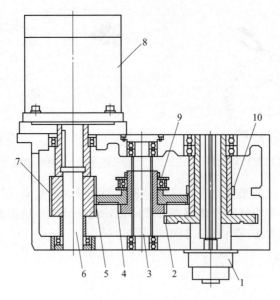

图 16-11　龙门数控铣床主轴自动换挡结构简图

1—主轴；2—主轴上的大齿轮；3—中间轴；4—滑移齿轮上的小齿轮；5—滑移齿轮上的大齿轮；
6—电动机轴；7—电动机上的齿轮；8—主轴电动机；9—滑移齿轮轴承套；10—主轴上的小齿轮

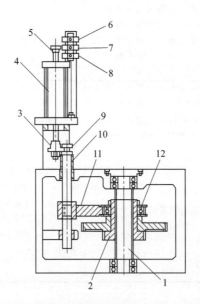

图 16-12　龙门数控铣床主轴自动换挡液压拨叉控制结构简图

1—中间轴；2—滑移齿轮；3—换挡带动环；4—换挡控制液压缸；5—液压缸活塞杆；6—高速挡信号开关；7—空挡
信号开关；8—低速挡信号开关；9—液压拨叉传动轴；10—拉伸弹簧；11—液压拨叉；12—滑移齿轮轴承套

所示。图中为主轴空挡状态。当主轴速度为高速时，液压缸 4 高速口进油，液压缸活塞杆 5
上移，通过换挡带动环 3 带动液压拨叉传动轴 9 移动，从而带动滑移齿轮 2 上移，滑移齿轮
上的大齿轮与主轴上的小齿轮啮合，实现主轴高速控制，同时高速挡信号开关 6 接通，向系
统发出高速挡到位信号，完成主轴高速挡切换控制。当主轴速度为低速时，液压缸 4 低速口
进油，液压缸活塞杆 5 下移，通过换挡带动环 3 带动液压拨叉传动轴 9 移动，从而带动滑移
齿轮 2 下移，滑移齿轮上的小齿轮与主轴上的大齿轮啮合，实现主轴低速控制，同时低速挡

到位开关8接通，向系统发出低速挡到位信号，完成主轴低速挡切换控制。

2. 数控铣床主轴齿轮换挡的系统参数设定

数控铣床主轴换挡切换控制一般采用各挡位速度切换信号控制，通过系统挡位切换参数设定实现主轴挡位的切换控制。主轴换挡为B方式（3705♯2设定为1）。

图16-13为数控铣床主轴齿轮换挡系统参数设定内容。主轴电动机最高速度为6000r/min，机床低速挡齿轮传动比为1∶4，高速挡传动比为1∶1。该机床主轴低速到高速的切换速度（图中的A点）设为1000r/min，则系统参数3751设为1000×4/6000×4095＝2730；系统参数3741为主轴低速挡的最高速度，设定为1500r/min；系统参数3742为主轴高速挡的最高速度，设定为6000r/min；系统参数3735为主轴速度限制的下限值，设定为27；电动机速度上限设定为4500r/min，则系统参数3736设为3071；系统参数4020为主轴电动机的最高速度，设定为6000r/min。

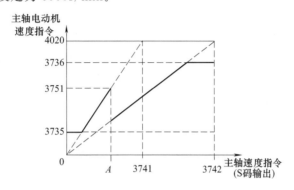

图16-13 数控铣床主轴齿轮换挡系统参数

3. 数控铣床主轴齿轮自动换挡控制流程

（1）系统发出主轴挡位信号

当系统加工程序读到主轴速度指令（S码）时，系统根据参数3751计算出的主轴速度切换数值（图16-13中的A值），发出相对应的挡位信号（低速挡信号为F34.0、高速挡信号为F34.1）。

（2）通过挡位检测信号的判别，发出换挡请求指令

通过对系统PMC挡位信号的检测，即通过检测系统挡位信号指令与实际挡位信号是否一致来判别是否执行换挡请求。

（3）执行换挡控制

当检测到主轴挡位信号指令和实际挡位信号不一致时，系统PMC发出换挡控制信号，驱动相对应的液压阀控制线圈动作，实现主轴挡位的切换，同时主轴电动机实现低速转动或摆动控制（正转和反转控制），目的是防止出现顶齿和打齿现象。

（4）主轴换挡切换信号完成信号输出

当检测到主轴挡位信号指令和实际挡位信号一致时，系统发出主轴挡位切换完成信号，电磁阀线圈断电，同时停止主轴电动机的低速转动或摆动控制。

（5）输入系统挡位确认信号

通过系统PMC程序，输入机床主轴新的挡位确定信号（系统为G70.3和G70.2），同时发出辅助功能代码（S码）完成信号。

（6）系统发出主轴速度信息

当换挡辅助功能代码完成信号发出后，系统根据主轴速度指令及系统挡位最高速度参数

（系统参数3741、3742和3743），向主轴伺服模块发出主轴速度信息。

（7）主轴放大器驱动主轴电动机实现主轴的速度控制

4. 数控铣床主轴自动换挡控制中常见故障及诊断方法

（1）换挡后机床的主轴指令速度与实际速度不符

① 系统挡位主轴最高速度参数设定错误，如3741或3742与实际机床传动齿轮比设定不相符。

② 系统主轴模块不良。主轴电动机参数初始化或更换主轴模块控制电路板。

③ 主轴速度反馈装置不良。更换主轴速度检测装置（如主轴编码器或主轴电动机内装传感器）。

④ 系统主板不良。根据主轴速度指令S码和系统参数3751的关系，判别系统发出的挡位信号（低速挡信号为F34.0、高速挡信号为F34.1）是否一致，如果不一致则更换系统主板。

（2）主轴只有低速而没有高速

① 高速挡位的电磁阀控制回路故障，如控制电路的继电器、电磁阀线圈本身及系统PMC控制电路故障。

② 液压拨叉及滑移齿轮故障，如液压拨叉与拨叉传动轴的锁紧螺钉松动、中间轴故障。

③ 液压回路故障，如液压回路泄漏及液压元件不良等。

④ 系统主板不良。根据主轴速度指令S码和系统参数3751的关系，判别系统发出的挡位信号（低速挡信号为F34.0、高速挡信号为F34.1）是否一致，如果不一致则更换系统主板。

（3）主轴一直低速转动（以换挡速度）或摆动而超时报警

① 主轴挡位信号错误。可能原因有主轴挡位信号开关不良、位置不当、信号接口电路故障等。

② 液压控制回路故障。执行相应挡位控制的液压电磁阀控制电路故障，如控制电路的继电器、电磁阀线圈及系统PMC控制电路故障。

③ 换挡的液压回路故障，如液压拨叉、滑移齿轮及液压回路本身故障。

④ 主轴模块或系统主板不良，更换主轴模块或系统主板。

课 后 练 习

1. 简述FANUC-0iC系统主轴模块标准参数初始化的步骤。

2. FANUC-0iC系统发生749报警的故障原因及处理措施。

3. FANUC-0iC系统发生750报警的故障原因及处理措施。

4. 一加工中心，主轴定向准停过程中出现超时报警，如何进行检修？

5. 一数控车床，配置FANUC-0i Mate TC系统，在进行螺纹加工时出现螺距不稳故障，分析故障原因。

项目五　进给驱动系统调试与故障诊断

任务 17　进给伺服系统的连接和调试

【任务描述】

数控实训平台系统为 FANUC-0i Mate C，X、Y 轴伺服电动机型号为 β4/4000i，Z 轴伺服电动机型号为 β8/3000i。X、Y 轴伺服电动机与丝杠减速比均为 2：1，Z 轴伺服电动机与丝杠直连，丝杠导程均为 5mm，电动机编码器为增量编码器，半闭环控制。根据具体配置完成控制线路连接和相关伺服参数设定。

【相关知识】

17.1　进给伺服系统的组成和功能特点

数控机床伺服系统是指以机床移动部件的位置和速度作为控制量的自动控制系统，又称随动系统。进给伺服系统是数控装置与机床本体机械传动联系的环节，也是数控系统的执行部分。进给驱动系统一般由伺服放大器、伺服电动机、机械传动组件和检测装置等组成。

1. 伺服放大器

伺服放大器的作用是接收系统（轴卡）的伺服控制信号，实施伺服电动机控制，并采集检测装置的反馈信号，实现进给部件的速度和位置控制。目前 FANUC 系统常用的伺服放大器有 α/β 系列（FANUC-0iA）、αi/βi 系列（FANUC-0iB/0iC/0iD），如图 17-1 所示。

(a) βi系列伺服单元　　　　　　　　(b) αi系列伺服模块

图 17-1　伺服放大器

2. 伺服电动机

伺服电动机是进给伺服系统电气执行部件，现代数控机床进给伺服电动机普遍采用交流永磁式同步电动机，如图 17-2 所示。

下面以一个 αi 系列的进给伺服电动机来说明电动机型号的含义。该电动机型号为 αi22/3000。其中，αi 为电动机的系列号；22 代表电动机的额定输出扭矩约为 22N·m；3000 表示电动机的最高转速为 3000r/min。

(a) 定子部分　　　　(b) 转子部分　　　　(c) 内装编码器

图 17-2　FANUC 系列进给伺服电动机内部组成

3. 机械传动组件

数控机床进给伺服系统的机械传动组件是将伺服电动机的旋转运动转变为工作台或刀架的直线运动以实现进给运动的机械传动部件。主要包括伺服电动机与丝杠的连接装置、滚珠丝杠螺母副及其固定或支承部件、导轨等。它的传动质量直接关系到机床的加工性能。数控机床进给组件具体组成如图 17-3 所示。

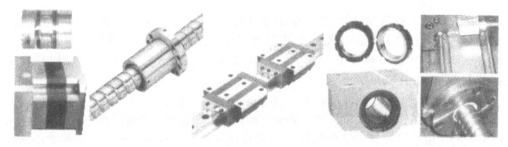

(a) 电动机与丝杠连接装置 (b) 滚珠丝杠螺母副　　　(c) 直线滚动导轨　　　(d) 丝杠固定和支承　(e) 导轨和丝杠润滑

图 17-3　进给传动部件

4. 数控机床进给速度和位置检测装置

数控机床进给速度和位置检测装置有伺服电动机内置编码器和分离型检测装置（如光栅尺）两种形式。进给伺服系统的位置控制形式按有无分离型检测装置分为半闭环控制和全闭环控制两种形式。

（1）半闭环控制

所谓半闭环控制是指数控机床的位置（如刀架的移动位置、工作台的移动位置）反馈为间接反馈，即用丝杠的转角作为位置反馈信号，而不是机床位置的直接反馈。图 17-4 为数控机床的半闭环控制，进给伺服电动机的内装编码器的反馈信号即为速度反馈信号，同时又作为丝杠的位置反馈信号。

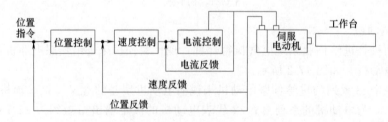

图 17-4　数控机床的半闭环控制

（2）全闭环控制

如果数控机床采用分离型位置检测装置作为位置反馈信号，则进给伺服控制形式为全闭环控制。在全闭环控制中，进给伺服系统的速度反馈信号来自伺服电动机的内装编码器信号，而位置反馈信号是来自分离型位置检测装置的信号。

图 17-5 为采用光栅尺作为分离型位置检测装置的全闭环控制伺服系统。进给伺服电动机的内装编码器信号作为工作台的实际速度反馈信号，光栅尺的信号作为工作台实际移动位置的反馈信号。

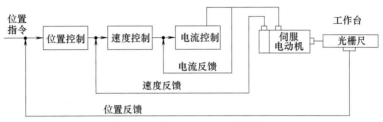

图 17-5 进给伺服的全闭环控制

17.2 进给伺服系统的连接

伺服放大器按主电路的电源输入是交流还是直流，可分为伺服单元和伺服模块两种。伺服单元具有电源与驱动器一体化（SVU 型）的结构形式，各驱动器单元可以独立安装，其输入电源通常为三相交流电（200V，50Hz）。电动机的再生能量通过伺服单元的再生放电单元的制动电阻消耗掉。FANUC 系统的伺服单元有 α 系列、β 系列、βi 系列。伺服模块具有以公用电源模块（PSM）、伺服驱动单元（SVM）为模块化安装的结构形式，其输入电源为直流电源（通常 DC300V）。电动机的再生能量通过系统电源模块反馈到电网。FANUC 系统的伺服模块有 α 系列、αi 系列。

伺服模块与伺服单元的工作原理基本相同。一般主轴驱动装置为模拟量控制驱动装置时，采用伺服单元驱动进给轴电动机；一般主轴驱动装置为串行数字控制装置时，进给轴驱动装置采用伺服模块。

1. βi 系列伺服单元的连接

βi 系列伺服单元是 FANUC 公司 21 世纪初推出的可靠性高、性价比较好的进给伺服驱动装置。其连接如图 17-6 所示。

X 轴、Z 轴伺服单元的 L1、L2、L3 端子接三相交流电源（200V，50Hz/60Hz），作为伺服单元的主电路的输入电源；U、V、W 为伺服电动机的动力线接口；JF1 连接到相应的伺服电动机内装编码器的接口上，作为 X 轴、Z 轴的速度和位置反馈信号控制；外部 24V 直流稳压电源连接到 X 轴伺服单元的 CX19B，X 轴伺服单元的 CX19A 连接到 Z 轴伺服单元的 CX19B，作为伺服单元的控制电路的输入电

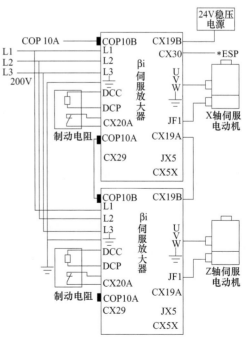

图 17-6 FANUC-0i Mate C 系统的 βi 系列
伺服单元的连接

源；伺服单元的 DCC 和 DCP 分别连接到 X 轴、Z 轴的外接制动电阻，CX20A 连接到相应的制动电阻的热敏开关；X 轴伺服单元上的伺服高速串行总线接口 COP10A 与 Z 轴伺服单元上的 COP10B 连接（光缆）；CX29 为主电源 MCC 控制信号接口；CX30 为急停信号（*ESP）接口；JX5 为伺服检测板信号接口；CX5X 为伺服电动机编码器采用绝对编码器时的电池接口。

2. αi 系列伺服模块的连接

αi 系列伺服模块是 FANUC 公司 21 世纪初推出的产品，它在 FANUC α 系列的基础上进行了性能改进。产品通过特殊的磁路设计与精密的电流控制以及精密的编码器速度反馈，使转矩波动极小，加速性能优异，可靠性极高。

图 17-7 所示为 αi 系列伺服模块的连接。X 轴模块上 P、N 与 Z 轴模块上的 P、N 相连；X 轴模块上的 CXA2A 为 DC24V 电源、*ESP 急停信号、XMIF 报警信息输入接口，与 Z 轴模块上的 CXA2B 相连；X 轴模块上的 COP10A 为伺服高速串行总线（HSSB）输出接口，与 Z 轴模块上的 COP10B 相连（光缆）。JF1、JF2 为伺服电动机编码器信号接口；CZ2L 为伺服电动机动力线连接插头；CX5X 为绝对编码器电池接口；JX5 为伺服检测板信号接口。

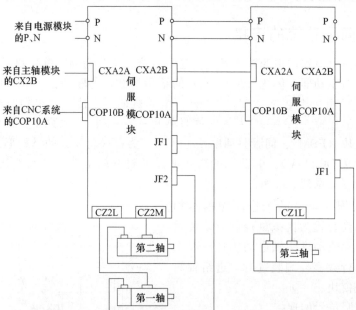

图 17-7　FANUC-0i MC 系统的 αi 系列伺服模块的连接

17.3　伺服参数的初始化设定

FANUC 所有型号规格的电动机伺服数据均装载在了 FROM 中，但是具体到某一台机床的某一个轴时，它需要的伺服数据是唯一的、仅符合这台电动机规格的伺服参数。例如某机床 X 轴电动机为 αi12/3000，Y 轴和 Z 轴电动机为 αi22/3000，X 轴通道与 Y 轴和 Z 轴通道所需的伺服数据是不同的，因此在第一次调试时，需要确定各伺服通道的电动机规格，并将相应的伺服数据写入 SRAM 中，这个过程称之为"伺服参数初始化"。

伺服参数初始化的具体方法如下。

（1）打开伺服设定画面

① 将 CNC 系统转到"急停"状态，并使参数写入为允许方式（PWE＝1）。

② 按下操作面板"SYSTEM"键→[SYSTEM]软键→扩展键→[SV-PRM]，显示伺服

设定画面。

若无伺服设定画面显示，设定 3111♯0 为 "1"，设定好后，将系统断电，然后再开机。当显示如图 17-8 所示的进给伺服设定画面时，用光标移动到相应的参数项，进行相关设定。

伺服设定		01000 N0000	对应系统参数
	X轴	Z轴	
初始设定位	00001010	00001010	No.2000
电机代码	16	16	No.2020
AMR	00000000	00000000	No.2001
指令倍承比	2	2	No.1820
柔性齿轮比	1	1	No.2084
(N/M)	100	100	No.2085
方向设定	111	111	No.2022
速度反馈脉冲数	8192	8192	No.2023
位置反馈脉冲数	12500	12500	No.2024
参考计数器容量	10000	10000	No.1821

图 17-8　进给伺服设定画面

（2）设定电动机 ID 号

设定各轴所用的电动机的 ID 号。电动机 ID 号对应表见表 17-1。对于本书中没有叙述到的电动机型号，请参照 αi 系列伺服电动机参数说明书。

表 17-1　αi/βi 系列电动机 ID 代码

ID 代码	电动机型号	ID 代码	电动机型号
152	α1/5000i	171	αC4/3000i
155	α2/5000i	176	αC8/2000i
173	α4/3000i	191	αC12/2000i
177	α8/3000i	196	αC22/2000i
193	α12/3000i	156	β4/4000is
197	α22/3000i	158	β8/3000is
203	α30/3000i	172	β12/3000is
207	α40/3000i	174	β22/3000is

（3）AMR 设定

根据电动机的编码器输出脉冲数，设定编码器参数 AMR，通常情况下，使用串行脉冲编码器时，AMR 设定为 "00000000"。

（4）CMR（指令倍率）

CMR 设定从 CNC 到伺服系统的移动量的指令倍率。用 CMR 使 CNC 的最小移动单位和伺服的检测单位相匹配。CMR＝最小移动单位/检测单位。CMR 为 1/27～1/2 时，设定值＝1/CMR＋100；CMR 为 0.5～48 时，设定值＝2×CMR。

检测单位设为 0.001mm，则当最小移动单位为 0.001mm 时，则 CMR＝1，因此设定值为 2；若系统最小移动单位为 0.0001mm，则 CMR＝0.1，因此设定值为 110。

注意：最小移动单位由系统参数 1004♯1（ISC）设定。当 1004♯1（ISC）＝0 时，系统最小移动单位为 0.001mm，即一个指令脉冲为 0.001mm；当 1004♯1（ISC）＝1 时，系统最小移动单位为 0.0001mm，即一个指令脉冲为 0.0001mm。

（5）柔性进给齿轮比（N/M）设定

通过设置柔性进给齿轮比（N/M），使系统的指令脉冲与检测装置反馈的脉冲相匹配。例如，进给电动机与螺距为5mm的滚珠丝杠直连，检测单位设为$1\mu m$时，则电动机转动1周（5mm）所需的脉冲数为5000，电动机转动1周从脉冲编码器（电动机内装）返回1000000个脉冲，因此柔性进给齿轮比（N/M）=5000/1000000=1/200，即一个反馈脉冲相当于1/200个检测单位。

在半闭环控制中，由于电动机编码器转1转发出100万个脉冲，因此柔性进给齿轮比（N/M）=（伺服电动机1转所需的位置脉冲数/100万）的约分数。

一数控车床采用半闭环控制，X、Z轴的滚珠丝杠螺距都为10mm，检测单位为$1\mu m$，若进给电动机与丝杠直连，则X、Z轴的柔性进给齿轮比（N/M）=10×1000/1000000=1/100；若X、Z轴的伺服电动机与进给丝杠采用1：2齿轮比连接，则X、Z轴的柔性进给齿轮比（N/M）=10×1000×0.5/1000000=1/200。

如果某机床配置回转台（第4轴），齿轮降速比为100：1，则电动机转1转，回转台转360°/100=3.6°，若要求检测单位为0.001°，则电动机转1转所需的位置反馈脉冲数为3.6°×1000=3600，因此第4轴的柔性进给齿轮比（N/M）=3600/1000000=36/10000。

全闭环控制形式的伺服系统中，柔性进给齿轮比（N/M）=（伺服电动机1转所需的位置脉冲数/伺服电动机1转分离型检测装置位置反馈的脉冲数）的约分数。

如某加工中心X、Y、Z轴电动机与丝杠直连，各轴均采用光栅尺进行位置检测，光栅尺的检测精度为$1\mu m$，进给丝杠的螺距为12mm，则柔性进给齿轮比（N/M）=12000/12000=1。如果光栅尺的检测精度为$0.5\mu m$，则柔性进给齿轮比（N/M）=12000/（12000÷0.5）=1/2。

（6）指定电动机的旋转方向（DIRECTION Set）

如设定值为111，表示顺时针方向旋转（从脉冲编码器端看）；设定值为-111，表示逆时针方向旋转（从脉冲编码器端看）。

（7）指定速度反馈脉冲数和位置反馈脉冲数

在"Velocity Pulse No."下设定速度脉冲数，在"Position Pulse No."下设定位置脉冲数。设定值如表17-2所示。

表17-2 速度脉冲数与位置脉冲数设定表

形　式	半　闭　环		全　闭　环	
指令单位	$1\mu m$	$0.1\mu m$	$1\mu m$	$0.1\mu m$
初始化位（参数2000#0）	0	1	0	1
速度脉冲数	8192	819	8192	819
位置脉冲数	12500	1250	NP	NP/10

表17-2中，NP为电动机转动1转时，来自分离检测器的位置脉冲数。如分离检测器检测精度为$1\mu m$，电动机转动1转工作台移动10mm，则来自分离检测器的位置脉冲数为10000，即NP为10000；若分离检测器检测精度为$0.5\mu m$，则电动机转动1转，来自分离检测器的位置脉冲数为20000，即NP为20000。

（8）参考计数器容量（REF COUNTER）

参考计数器用于栅格方法的回参考点，设定值是电动机转动1转时电动机每转的位置反馈脉冲数（或其整数分之一）。例如：电动机每转移动12mm、检测单位为1/1000mm时，参考计数器容量设定为12000，也可设为6000、4000等。

采用光栅尺进行闭环控制时，参考计数器容量设定为参考标记间隔的整数分之一的值。

（9）初始化操作

在设定画面的 INITIAL SET BITS 处，将各轴的第 1 位设为 "0"，关机后再开机，完成初始化操作。

17.4 伺服 FSSB 设定

FSSB 是 FANUC Serial Servo Bus（发那科系列伺服总线）的缩写，它能够将 1 台主控器（CNC 装置）和多台从属装置用光缆连接起来，在 CNC 与伺服放大器间用高速串行总线（串行数据）进行通信。主控器侧是 CNC 本体，从属装置则是伺服放大器（主轴放大器除外）及分离型位置检测器用的接口装置。两轴放大器包含两个从属装置，三轴放大器包含三个从属装置。从属装置按安装顺序编号，如 1、2、3 等，离 CNC 最近的编号为 1。

图 17-9 所示为某加工中心 FSSB 的连接示意图。

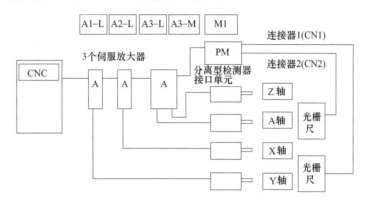

图 17-9 某加工中心（4 轴）FSSB 连接示意图

由于 FSSB 串行结构的特点，数控轴与伺服轴的对应关系可以灵活定义，不像以前的 FANUC-0C/D 那样数控轴排序和伺服轴排序必须一一对应。数控轴与伺服轴的对应关系是通过 FSSB 设定建立的。使用 FSSB 的系统，必须设定下列伺服参数。

① 参数 1023：各轴的伺服轴号（伺服通道排序）。

② 参数 1905：定义接口类型和分离型位置检测器用接口装置（光栅适配器）的接口使用（详见本节参数说明）。

③ 参数 1910～1919：从属装置转换地址号（详见本节参数说明）。

④ 参数 1936 和 1937：光栅适配器连接器号（详见本节参数说明）。

设定这些参数时，通常可采用自动设定和手动设定两种方法。

1. FSSB 自动设定

通过系统参数 1010（CNC 控制轴数）、8130（CNC 控制轴数，包含 PMC 轴）设定 CNC 系统的控制轴数。如系统轴数为 4，则将参数 1010、8130 设为 4。

设定伺服轴名和伺服轴属性。伺服轴名设定参数为 1020，根据实际情况设定（轴名的代码参看表 17-3），伺服轴属性参数为 1022，具体设定见表 17-4 所示。

表 17-3 进给伺服轴名设定

轴名	设定值	轴名	设定值	轴名	设定值	轴名	设定值
X	88	U	85	A	65	E	69
Y	89	V	86	B	66		
Z	90	W	87	C	67		

表 17-4　进给伺服轴属性的设定

设　定　值	意　　义	设　定　值	意　　义
0	既不是基本轴也不是平行轴	5	平行轴 U 轴
1	基本轴中的 X 轴	6	平行轴 V 轴
2	基本轴中的 Y 轴	7	平行轴 W 轴
3	基本轴中的 Z 轴		

将参数 1902♯0 设为 "0"，可在 FSSB 的设定画面进行自动设定。

① 进入 FSSB 设定画面。

按系统功能键 "SYSTEM"→按系统扩展操作软键（多次）→按系统操作软键［FSSB］→按系统操作软键［AMP］，出现图 17-10 所示的伺服放大器 FSSB 设定画面。

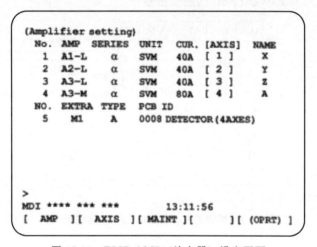

图 17-10　FSSB AMP（放大器）设定画面

放大器 FSSB 设定画面显示信息如下。

NO.：显示某通道下第几从属装置，如 1-2 表示 1 通道下的第 2 从属装置。

AMP：显示连接到 FSSB 的伺服放大器类型。

放大器的类型由字符 A＋编号＋字符 L 或 M 组成。A 表示 "放大器"；编号表示放大器的安装位置，离 CNC 最近的编号为 1；L、M 表示双轴放大器模块上的进给轴，L 为第 1 轴，M 为第 2 轴。

如图 17-10 所示，A1-L 表示第 1 个模块的第 1 轴，A1-M 表示第 1 个模块的第 2 轴，A2-L 表示第 2 个模块的第 1 轴。

SERIES：放大器的系列，AI 表示放大器为 αi 系列。

UNIT：放大器的形式，如 SVM 表示为伺服模块。

CUR.：放大器所控制轴的最大电流。

AXIS：控制轴号，即轴的属性号。

NAME：轴名。该名称显示的是在参数 1020 中指定的被控轴号，若指定的轴号超出允许值范围，则显示 0。

EXTRA：分离型检测器接口单元信息。它包括字母 M 和序号。M 表示分离型检测器接口单元，序号指出各接口单元的安装位置，离 CNC 最近的编号为 1。

TYPE：分离型检测器接口类型。用一个字符表示分离型检测器接口单元形式。

PCB ID：分离型检测器 ID 码。四位数字表示分离型检测器的 ID 码，ID 码后面显示 8

轴检测器（8 轴分离型检测单元时）或 4 轴检测器（4 轴分离型检测单元时）。

② 放大器信息画面参数调整。

在放大器设定画面，给连接到各个放大器的轴设定一个控制轴号。设定轴号时，要考虑实际的 FSSB 连接情况。如根据图 17-9 所示连接，设定轴号如图 17-11 所示。

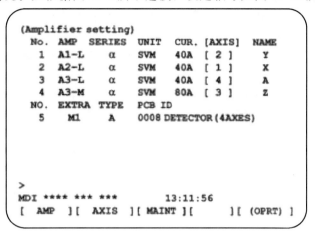

图 17-11　放大器信息画面参数调整

在放大器设定画面给连接到各个放大器的轴设定轴号后，按［SETTING］软键（当输入一个值后此软键才显示）。

③ 轴设定画面参数调整。

在 FSSB 设定画面，按［AXIS］软键，进入轴设定画面，如图 17-12 所示。在该画面中设定关于轴的信息，如分离型检测器接口（光栅尺适配器）单元上的连接器号等。

```
(AXIS SETTING)
AXIS NAME  AMP   M1  M2  1DSP  Cs  TNDM
   1   X   A2-L   0   0    0    0    0
   2   Y   A1-L   1   0    0    0    0
   3   Z   A3-M   0   0    0    0    0
   4   A   A3-L   2   0    0    0    0




>
MDI **** *** ***           13:11:56
[ AMP ][ AXIS ][ MAINT ][        ][ (OPRT) ]
```

图 17-12　轴设定画面参数调整

轴的 FSSB 设定画面显示信息如下。

AXIS：控制轴号，即轴的属性号。

NAME：轴名。

AMP：显示连接到 FSSB 的伺服放大器类型。

M1：第 1 个光栅适配器模块编号。

M2：第 2 个光栅适配器模块编号。

每个光栅适配器模块可接 4 个轴的位置反馈，接口插座号分别为 JF101～JF104。如果

Y轴、A轴的反馈信号分别接 M1 的 JF101、JF102，则设定如图 17-12 所示。

1DSP：该轴使用一个 DSP。如果某个轴设为 1，表示使用专门的 DSP。通常伺服轴卡上的一个 DSP 可以控制两个伺服轴，但是使用学习控制的伺服轴、高速电流轴、高速接口轴时，一个 DSP 只能控制一个伺服轴，因此需将"1DSP"项置 1。

Cs：该轴作为 Cs 轴控制。用主轴电动机实现 C 轴位置控制，称"Cs 轮廓控制"。该控制方式主要用于带 C 轴的车削中心机床。

TNDM：进行并行控制运转的轴，设定为"并行控制（Tandem）"。0i 和 0i Mate 没有此功能。

在轴 FSSB 设定画面完成设定后，按〔SETTING〕软键。

FSSB 自动设定完成后，参数 1902♯1（ASE）自动置"1"。

2. FSSB 的手动设定

将参数 1902♯0 设为"1"，指定 FSSB 的手动设定，即除了设定参数 1010、8130、1020、1022 外，还需要人为修改 1023、1905、1910～1919、1936 和 1937 等 FSSB 相关参数。

① 参数 1023：该参数数据类型为字节轴型，用来设定各轴的伺服轴号。如在前面图 17-9 中，根据连接情况，设定 X 的伺服轴号为"2"，Y 的伺服轴号为"1"，Z 的伺服轴号为"4"，A 的伺服轴号为"3"。

② 参数 1905：该参数数据类型为位轴型，1905♯0（FSL）指定伺服放大器和伺服软件之间使用的是快速接口还是慢速接口。1905♯0（FSL）为"0"时，接口为快速；为"1"时接口为慢速。

对于单轴放大器，快速接口和慢速接口都可用；对于双轴放大器，两个轴不能同时使用快速接口，但两轴可同时使用慢速接口；对于三轴放大器，第 1 和第 2 轴的使用规则与两轴相同，第 3 轴的使用规则与单轴相同。

对于参数 1023 设为奇数的轴，除了高速电流轴和高速接口轴外，快速接口和慢速接口都可用；对于参数 1023 设为偶数的轴，只能使用慢速接口。

1905♯6（PM1）、1905♯7（PM2）分别指定是否使用第 1 和第 2 分离型检测器单元，为"0"时不用，为"1"时使用。图 17-9 中，Y、A 轴均连接在 M1（第 1 分离型检测器单元）光栅适配器上，未使用第 2 分离型检测器单元，则参数 1905♯6（PM1）设定为：Y 轴设"1"，A 轴设"1"；1905♯7（PM2）中各轴均设为"0"。

③ 参数 1910～1919：该数据为字节型，指定 1～10 从属装置的转换地址号。从属装置是指与 CNC 相连的任何伺服放大器或分离型检测器接口单元。按照连接顺序，每一个从属装置都被指定一个序号（1～10），离 CNC 最近的编号为 1。2 轴放大器被视为 2 个从属装置，3 轴放大器被视为 2 个从属装置。从属装置为放大器与从属装置为分离型检测器接口单元时设定方法不同：当从属装置为放大器时，设定值为参数 1023 中的值减去 1；当从属装置为分离型检测器接口单元时，第 1 个接口单元（离 CNC 最近）设为 16，第 2 个设为 48。

如对于前面图 17-9 中的 FSSB 连接，参数 1910 设为"0"，1911 为"1"，1912 为"2"，1913 为"3"，1914 为"16"。

④ 参数 1936、1937：数据为字节型，分别指定第 1 个和第 2 个分离型检测器接口单元上的连接器号。当使用分离型检测器接口单元时，这些参数的值由各轴所连接的分离型检测器接口单元的插座号减 1 得到。图 17-9 中，M1 光栅适配器连接两个分离型检测器，则参数 1936 设定为：Y 轴设"0"（1-1），A 轴设"1"（2-1）。

3. FSSB 伺服总线设定过程中常见故障的诊断方法

（1）不能自动设定 FSSB

① 检查参数 1902。若参数 1902＝00000000，则设定参数 1905＝00000000，并将参数 1910 到 1919 均设为 0。

② 当参数 1815♯1＝1（采用分离型检测器）时，检查参数 1910～1919 是否设了 16（靠近 CNC 的第一个分离型检测器接口单元）或 48（远离 CNC 的第二个分离型检测器接口单元）。

③ 检查传输是否打开（绿色 LED 亮）。

如果传输没有打开，检查放大器的电源以及光缆连接。

（2）在 FSSB 画面的轴设定上，M1 和 M2 的连接器号码不能设定

查看 FSSB 画面，分离型检测器接口单元的 ID 是否读取正确。如果 ID 读取不正确，检查分离型检测器接口单元的连接。

（3）电源关机再开机后，FSSB 设定画面被取消

在设定需求的值后，在放大器设定画面和轴设定画面按软键［SETTING］。

（4）发生放大器/电动机的搭配无效报警（466 "MOTOR/AMP COMBINATION"）

检查 ID 画面上的放大器最大电流值，对应参数 No.2165 的设定。再次检查放大器/电动机的搭配。

① 检查伺服电动机 ID 代码设定是否错误，如果错误，则正确设定电动机 ID 代码并进行初始化。

② 进行伺服参数初始化操作。

③ 按实际连接重新进行 FSSB 初始化操作。

还有可能是伺服放大器故障或系统轴卡故障。

（5）发生 P/S 报警（5138 "AXIS SETTING NOT COMPLETE"）

FSSB 画面的自动设定没有正常完成。

① 确认 FSSB 放大器设定画面和轴设定画面无误。

② 在两个画面上按软键［SETTING］。

③ 系统断电并重新通电。

（6）FSSB 放大器数目小报警（5136 "NUMBER OF AMPS IS SMALL"）

系统识别的放大器数量与设定的不符。

① 检查系统参数 1010 和实际轴数是否一致。

② 按实际连接情况重新进行 FSSB 初始化。

③ 放大器控制电路电源故障。

④ 放大器连接信息光缆不良。

⑤ 放大器或轴卡本身故障。

17.5　其他常用伺服参数设定和调整

1. 基本轴参数设定

（1）各轴 G00 速度、G01 上限速度

参数 1420 设定各轴快速移动速度，一般在 5000～10000mm/min 左右。参数 1422 设定各轴进给的上限速度。

（2）各轴位置增益

参数 1825 设定各轴的位置增益。一般设为 3000～5000，数据单位为 $0.01s^{-1}$。进行直线与圆弧等插补时，通常要将所有插补轴设定相同的值，否则走斜线或圆弧时，由于插补跟随精度不同，导致直线斜率和圆弧失真。

轴移动中的位置偏差量、位置增益和进给速度的关系为位置偏差量＝进给速度/（位置增

益×60），这里位置偏差量单位为 mm，进给速度单位为 mm/mm，位置增益单位为 s^{-1}。

位置增益设置值越大，伺服响应越快，跟随精度越好，但过大时会导致不稳定。

（3）各轴到位宽度

参数 1826 设定各轴的到位宽度。当机床实际位置与指令位置的差比到位宽度小时，机床即认为到位了。

（4）各轴移动中允许的最大位置偏差量

参数 1828 设定各轴移动时位置偏差量即跟随误差的临界值。机床在移动中，如果位置偏差量超出该设定值就发出 411 号（运动误差过大）报警。

用检测单位求出快速进给时的位置偏差量，为了使在一定的超出范围内系统不报警，应留有约 20％的余量。

$$设定值 = \frac{快速移动速度}{60} \times \frac{1}{位置增益} \times \frac{1}{检测单位} \times 1.2$$

（5）各轴停止时允许的最大位置偏差

参数 1829 设定各轴停止时允许的最大位置偏差。在没有给出移动指令的情况下，位置偏差值超出该设定值时即发出 410 号（停止误差过大）报警。

2. 其他常用伺服参数设定

其他常用伺服参数设定见表 17-5 所示，参数具体含义参见系统参数手册或本书后面相关内容介绍。

表 17-5　常用伺服参数设定表

参 数 意 义	参 　 数	备注（一般设定值）
最小指令移动单位	1004＃1	0
未回零执行自动运行	1005＃0	调试时为 1
半径编程/直径编程	1006＃3	车床的 X 轴设为 1
参考点返回方向	1006＃5	0：＋；1：－
存储行程限位正极限	1320	调试为 99999999
存储行程限位负极限	1321	调试为 −99999999
未回零执行手动快速	1401＃0	调试为 1
空运行速度	1410	1000 左右
各轴快移速度	1420	8000 左右
最大切削进给速度	1422	8000 左右
各轴手动速度	1423	4000 左右
各轴手动快移速度	1424	可为 0，同 1420
各轴返回参考点 FL 速度	1425	300～400
快移时间常数	1620	50～200
切削时间常数	1622	50～200
JOG 时间常数	1624	50～200
分离型位置检测器	1815＃1	全闭环 1
电动机绝对编码器	1815＃5	绝对编码器为 1
各轴位置环增益	1825	3000
各轴到位宽度	1826	20～100
各轴移动位置偏差极限	1828	调试为 10000
各轴停止位置偏差极限	1829	200
负载惯量比	2021	200 左右
互锁信号无效	3003＃0	调试为 1
各轴互锁信号无效	3003＃2	调试为 1
各轴方向互锁信号无效	3003＃3	调试为 1
超程信号无效	3004＃5	出现 506、507 超程报警时设为 1
手轮是否有效	8131＃0	设为 1 时手轮有效

3. 常用伺服参数调整

按系统功能键"SYSTEM"→扩展键→〔SV-PRM〕软键→〔SV.TUN〕软键，显示伺服调整画面，如图 17-13 所示。画面上各标识及其参数见表 17-6。

```
SERVO MOTOR TUNING
X AXIS
        (PARAMETER)          (MONITOR)
①   FUNC. BIT    00001000   ALARM 1    00000000  ⑨
②   LOOP GAIN        3000   ALARM 2    00101011  ⑩
③   TUNING ST.          0   ALARM 3    10100000  ⑪
④   SET PERIOD          0   ALARM 4    00000000  ⑫
⑤   INT.GAIN           87   ALARM 5    00000000  ⑬
⑥   PROP.GAIN        -781   LOOP GAIN         0  ⑭
⑦   FILTER              0   POS ERROR         0  ⑮
⑧   VELOC.GAIN        200   CURRENT(%)        0  ⑯
                            CURRENT(A)        0
                            SPEED(RPM)        0
```

图 17-13　伺服调整画面

表 17-6　伺服调整画面及其参数

序号	用途	标识	参数
①	功能位	FUNC. BIT	PRM2003
②	回路增益	LOOP GAIN	PRM1825
③	调整开始位	TURNING ST.	在自动伺服设定功能中采用
④	设定周期	SET PERIOD	在自动伺服设定功能中采用
⑤	积分增益	INT. GAIN	PRM2043
⑥	比例增益	PROP. GAIN	PRM2044
⑦	滤波器	FILTER	PRM2067
⑧	速度增益	VELOC. GAIN	设定值＝〔（PRM2021＋256)/256〕×100
⑨	1 号报警	ALARM 1	DRG200(400 和 414 报警的详细说明)
⑩	2 号报警	ALARM 2	DRG201(断线、过载报警的详细说明)
⑪	3 号报警	ALARM 3	DRG202(36X 号报警的详细说明)
⑫	4 号报警	ALARM 4	DRG203(36X 号报警的详细说明)
⑬	5 号报警	ALARM 5	DRG204(414 号报警的详细说明)
⑭	环路增益	LOOP GAIN	实际回路增益
⑮	位置误差	POS ERROR	实际位置误差(DRG300)
⑯	电流(%)	CURRENT(%)	用百分比显示电流与额定值的比值

（1）位置增益和速度增益调整

首先将"功能位"（PRM2003）的位 3（P1）设定 1（冲床为 0），"同路增益"（PRM1825）设定为 3000（在机床不产生振动的情况下，可以设定为 5000），比例、积分增益不进行更改，速度增益从 200 开始增加，每增加 100 后，用 JOG 方式分别以慢速和最快速移动坐标，看是否振动，或观察、检查伺服波形（TCMD）是否平滑。调整的原则是：尽量提高设定值，调整的最终结果，要保证在手动快速、手动慢速、进给等各种情况下都不能有振动。

注：速度增益＝〔1＋负载惯量比（PRM2021)/256〕×100。负载惯量比表示电动机的惯量和负载的惯量比，直接和机床的机械特性相关。

（2）伺服波形显示

参数 3112♯0＝1（调整完后，一定要还原为 0），关机再开机。采样时间设定为 5000，如果调整 X 轴，设定数据为 51，检查实际速度。如果在启动时，波形不光滑，则表示伺服增益不够，需要再提高。如果在中间的直线上有波动，则可能是由于高增益引起的振动，这可通过设定参数 2066 为 -10（增加伺服电流环 $250\mu m$）来改变，如果还有振动，可将画面中的滤波器值（参数 2067）调整为 2000 左右，再按上述步骤调整。

（3）N 脉冲抑制

在调整时，由于提高了速度增益，引起机床在停止时也出现了小范围的震荡（低频），从伺服调整画面的位置误差可看到，在没有给指令（停止）时，误差在 0 左右变化。使用单脉冲抑制功能可以将此震荡消除，按以下步骤调整。

① 参数 $2003\sharp4=1$，如果震荡在 $0\sim1$ 范围变化，设定此参数即可。

② 参数 2099，按以下公式计算：

$$设定值＝4000000/电动机每转的位置反馈脉冲数$$

（4）有关 $250\mu m$ 加速反馈的说明

① 电动机与机床弹性连接，负载惯量比电动机的惯量要大，在调整负载惯量比时（大于 512），会产生 $50\sim150Hz$ 的振动，此时，不要减小负载惯量比的值，可设定此参数进行改善。

② 此功能把加速度反馈增益乘以电动机速度反馈信号的微分值，通过补偿转矩指令 TCMD，来达到抑制速度环的振荡。

③ 参数 $2066＝-10\sim-20$，一般设为 -10。

④ 参数 2067（Tcmd）一般设为 2000 左右，具体见表 17-7。

表 17-7 参数 2067 截止频率与设定频率范围

截止频率	60	65	70	75	80	85	90
设定	2810	2723	2638	2557	2478	2401	2327
截止频率	95	100	110	120	130	140	150
设定	2255	2158	2052	1927	1810	1700	1596
截止频率	160	170	180	190	200	220	240
设定	1499	1408	1322	1241	1166	1028	907
截止频率	260	280	300				
设定	800	705	622				

可通过 SERVO GUID 测出振动频率，也可以通过降低或升高设定值来观察伺服波形。对于低频率振动，此方法有效，对于高频率的机械共振（200Hz 以上），可使用 HRV 滤波器来抑制（使用 ［伺服调整引导］软件自动测量）。

17.6 任务决策和实施

1. 完成伺服系统的连接

参照实训平台电气原理或连接图完成伺服系统的连接。

2. 根据实际连接完成 FSSB 设定和伺服参数初始化

① CNC 系统的控制轴数设定。系统轴数为 3，则将参数 1010、8130 设为 3。

② 设定伺服轴名和伺服轴属性。伺服轴名设定参数为 1020，伺服轴属性参数为 1022。根据表 17-3 完成 X、Y、Z 伺服轴名和伺服轴属性设定。

③ 根据实际连接，在参数 1023 中设定 X、Y、Z 的伺服轴号。

④ 伺服参数初始化。按照实际情况完成伺服参数初始化设定操作。这里柔性进给齿轮比（N/M）：X、Y 轴设为 1/400，Z 轴设为 1/200。参考计数器容量：X、Y 轴设为 2500，Z 轴设为 5000。

⑤ 参照表 17-5 完成其他常用伺服参数设定。

3. 常用伺服参数调整（略）

17.7　检查和评估

检查和评分表如表 17-8 所示。

表 17-8　项目检查和评分表

序号	检查项目	要　求	评 分 标 准	配分	扣分	得分
1	进给轴控制线路的连接	1. 能够正确进行进给轴控制系统的连接,理解各接口的功能 2. 接线端子连接可靠	1. 连接每处错误扣 10 分 2. 接线端子存在不可靠或松脱,每处扣 5 分	20		
2	数控系统进给轴 FSSB 设定	能够根据具体连接情况进行 FSSB 设定	进给轴 FSSB 设定未进行或方法不当扣该部分全部配分	20		
3	伺服参数初始化	1. 能根据进给电动机型号查找电动机的 ID 号 2. 能根据机床具体情况正确设置柔性齿轮比、参考计数器容量等参数	1. 未进行伺服参数初始化操作,扣该部分全部配分 2. 伺服设定画面中参数设置每错 1 处扣 10 分,直至扣完该部分配分	30		
4	伺服参数调整	能通过检查伺服波形对位置增益、速度增益等参数进行调整,确保低速无爬行,高速无振动,运动平稳	1. 低速出现爬行扣 10 分 2. 高速出现振动扣 10 分	20		
5	其他	1. 操作要规范 2. 在规定时间完成(40 分钟) 3. 工具整理和现场清理	1. 操作不规范每处扣 5 分,直至扣完该部分配分 2. 超过规定时间扣 5 分,最长工时不得超过 50 分钟 3. 未进行工具整理和现场清理者,扣 10 分	10		
备注			合　计	100		

课 后 练 习

1. 伺服单元和伺服模块有什么不同？

2. 伺服电动机的动力线相序接错后，系统会出现什么故障现象？解释其原因。

3. 某采用 FUNUC-0i Mate C 的加工中心，机械传动结构如下：滚珠丝杠螺距为 8mm，丝杠与电动机 1:1 连接，半闭环控制。指令单位和检测单位均为 $1\mu m$，设定柔性齿轮比、参考计数器容量等参数。

任务 18　数控机床回零调整和故障检修

【任务描述】

有两台数控机床（FANUC-0i 系统）不能正常回零，其中一台为数控车床，其故障表现形式为：X 轴手动回零过程中，没有减速，直到压到限位开关出现急停报警，其他轴回零正常。另一台为数控铣床，开机出现♯300 报警（绝对位置丢失）。要求解决上述问题。

【相关知识】

18.1　挡块方式回零原理及其常见故障诊断

18.1.1　挡块式回零的控制原理

挡块式回零的控制原理如图 18-1 所示。

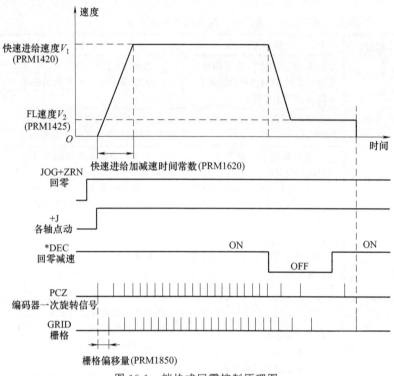

图 18-1　挡块式回零控制原理图

在回零工作方式下，按下各轴点动按钮（＋J），机床以快移速度 V_1（PRM1420 设定）向机床零点方向移动，当减速挡块压下减速开关时，减速信号（*DEC）由 1 到 0，系统开始减速，以低速 V_2（PRM1425 设定）向零点方向移动。当减速开关离开挡块时，即减速信号（*DEC）由 0 再到 1，系统开始找栅格信号，找到栅格信号则机床停止，以此位置作为机床零点。

一次旋转信号是编码器产生的信号，编码器除产生反馈位移和速度的脉冲信号外，还每转产生一个基准信号即一次旋转信号。需要注意的是，栅格信号（GRID）并不是编码器直接发出的信号，而是数控系统在一次旋转信号和软件共同作用下产生的信号。FANUC 公司使用栅格信号的目的，就是可以通过调整栅格偏移量（FANUC-0i 中由系统参数 1850 设定），在一定范围内灵活调整机床零点位置。机床使用中，只要不改变脉冲编码器与丝杠间的相对位置或不移动参考点撞块调定的位置，栅格信号就会以很高的重复精度出现。

18.1.2　数控机床返回参考点相关参数及其设定

回零相关参数影响回零方式、方向、速度及零点位置等，如果设置不合理或错误，将导致回零不正常。

1. 位置检测方式

系统参数 1815♯1（OPTx）决定位置检测方式。1815♯1（OPTx）为 0 表示机床采用电动机内置编码器进行位置检测，为 1 表示使用分离式编码器（光栅）进行位置检测。

2. 是否使用了绝对位置编码器

系统参数 1815♯5（APCx）表示是否使用绝对位置编码器。1815♯5（APCx）为 0 表示机床采用增量位置编码器，为 1 表示使用绝对位置编码器。

3. 回零方式

系统参数 1002♯1（DLZ）、1005♯1（DLZx）决定回零方式。1002♯1（DLZ）为 0 表示返回零点方式为挡块方式，为 1 表示所有轴均使用无挡块回零方式。1005♯1（DLZ）为 0 表示某轴使用挡块方式回零，为 1 表示某轴使用无挡块回零方式。当 1002♯1（DLZ）设定为 0 时，1005♯1（DLZx）设定才有意义。

如果机床 X、Y、Z、A 等所有进给轴回零都为无挡块方式，则将 1002♯1 设定为 1 即可。如果机床并不是所有轴回零都为无挡块方式，假设 X、Y、Z 为无挡块方式回零，而 A 轴为挡块方式回零，则将 1002♯1 设定为 0，将 1005♯1（DLZx）中 X、Y、Z 轴设为 1，A 轴设为 0。如果机床所有轴回零都为挡块方式，则将 1002♯1（DLZ）、1005♯1（DLZx）全部设为 0 即可。

4. 回零方向

系统参数 1006♯5（ZMIx）决定各轴回零方向。当 1006♯5（ZMIx）＝0 时，回零方向为正方向；1006♯5（ZMIx）＝1 时，回零方向为负方向。

回零方向为正方向时，回零过程如前面图 18-1 所示，机床首先向当前轴的正方向快速移动，当减速挡块压下减速开关时，机床开始减速，以低速向零点方向移动。当减速开关离开挡块时，系统开始找栅格信号，找到栅格信号则机床停止，以此位置作为机床零点。回零方向为负方向时，机床同样首先向当前轴的正方向快速移动，当减速挡块压下减速开关时，机床继续按原方向快速移动，减速开关离开挡块时，开始反向减速移动，减速挡块再次离开减速开关时，系统开始寻找栅格信号，找到栅格信号则机床停止，以该位置作为机床零点。

若正方向回零，则机床首次从零点向负方向移动时，系统会自动进行反向间隙补偿；负方向回零时则不会补偿。

5. 回零速度

系统参数 1420、1425 分别设定回零的快速速度和减速速度。减速速度不应设置过低（通常不宜低于 300mm/min），以免造成零点位置偏差。

6. 回零减速开关"正/负"逻辑设定

系统参数 3003♯5（DECx）＝0 时，减速信号 *DECn 为标准规格的负逻辑（信号状态为"0"进行减速）；3003♯5（DECx）＝1 时，减速信号 *DECn 为标准规格的正逻辑（信号状态为"1"进行减速）。

7. 零点位置调整

系统参数 1821 设定各轴的参考计数器容量。参考计数器在机床通电首次遇到编码器的一转信号并经过一个栅格偏移量，产生第一个栅格脉冲，然后根据参考计数器的容量，每隔该容量脉冲数就溢出产生一个栅格脉冲，作为回零的基准信号。参考计数器容量通常设定为进给电动机转一转所需的（位置反馈）脉冲数。例如，机床某轴丝杠螺距为 10mm，电动机转一转，工作台移动 10mm，换算成位置脉冲数等于 10000（10×1000），所以参考计数器容量设定为 10000。参考计数器容量也可以设定为计算值被整数除所得的值，如 10000/2＝5000，该值作为参考计数器容量设定值同样有效。参考计数器容量也可以理解为回零的栅格间隔。

当参考计数器容量设置错误后，会导致每次回零的位置不一致。在这种情况下，如果每次回零后都进行对刀重新建立工件坐标系，则不会影响零件加工；如果是批量生产，零件位置靠夹具保证，通常在后面零件加工时并不会在每次开机回零后都对刀重新建立工件坐标系，每次回零不一致就会与工件坐标原点不一致，从而会导致零件报废。

系统1850设定各轴的栅格偏移量，如前面图18-1所示，可通过调整该值来调整机床零点的位置。注意设定的栅格偏移量绝对值应小于参考计数器容量。

18.1.3 挡块式回零过程中的常见故障及其处理

挡块式回零过程中出现的故障主要有以下表现形式。

① 坐标轴在执行回零过程中，没有减速，直到超程报警或压下位置极限开关造成急停。

发生该故障原因可能是减速开关及接线不良、减速信号的 I/O 接口故障、系统本身不良等。可通过 PMC 状态监控画面检查减速信号状态（X9.0～X9.3 分别对应第一轴至第四轴减速信号），如果信号不变化，则检查减速开关、减速撞块，或减速信号的线路连接。如果信号变化，则为系统本身故障。

② 工作台回零过程中观察到有减速，但以减速速度移动直到超程报警或触及限位开关而停机，回零操作失败。

造成上述现象的原因可能是测量系统在减速开关恢复接通到机床碰到限位开关期间，没有捕捉到栅格信号。具体讲，有两种可能：一种是检测元件在回零操作中没有发出一转信号，或该脉冲在传输或处理中丢失，或测量系统发生了硬件故障，对该脉冲信号无识别或处理能力；另一种可能由于传动误差等原因，使得栅格信号刚错过，在等待下一个栅格信号的过程中，坐标轴过了行程极限位置或触及到限位开关，造成超程报警或急停。对第一种情况可用跟踪法对该信号的传输通道进行分段检查，看检测元件是否有一转信号发出，或信号在哪个环节丢失，从而采取相应对策。对第二种情况，可试着适当调整限位开关或减速开关与机床零点位置标记间的距离，即可消除故障。

③ 机床在返回参考点过程中有减速，也有制动到零的过程，但停止位置常常与零点正确位置前移或后移一个丝杠螺距。

出现这种情况的原因是栅格信号产生的时刻离减速信号从断到通处太近，加之传动误差，使得工作台在返回零点操作过程中碰上减速开关时，栅格信号刚错过，只能等待脉冲编码器再转一周后，测量系统才能找到下一个栅格信号，故出现上述故障。

如图 18-2（a）所示，当减速开关信号从断（OFF）恢复到通（ON）时，栅格信号随即就出现（即所谓信号处在了临界点上），这样，减速开关"通"、"断"信号出现的重复精度，或机械部分热变形等，都会使零点出现位置偏离的故障 [图 18-2（b）]。

在这种情况下，可适当调整减速挡块的位置 [图 18-2（c）] 或修改栅格偏移量 [图 18-2（d）]，使栅格信号产生的时刻离减速信号从断到通时相距约半个栅格信号产生的周期，即可消除故障。具体调整方法如下。

a. 手动返回机床零点。

b. 选择诊断画面，读取诊断号 302 的值（302 的值为挡块脱离位置到读取到第一个栅格信号时的距离）。

c. 记录系统参数 1821 的值，即参考计数器容量（栅格间距）。

d. 微调减速挡块位置或修改栅格偏移量（系统参数 1850 设定值），使诊断号 302 的值等于参数 1821 设定值的一半（1/2 栅格间距）。

e. 重复进行手动回零，确认诊断号 302 显示的值每次为 1/2 栅格间距左右。

④ 机床在返回参考点过程中有减速，也有制动到零的过程，每次回零位置不一致。

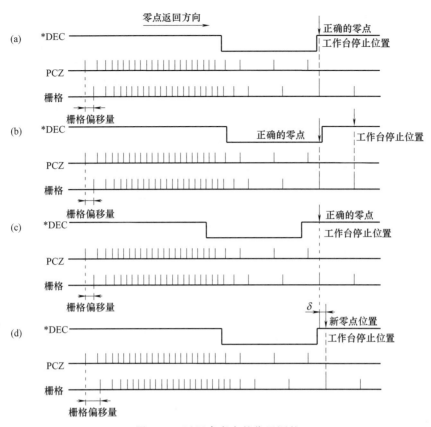

图 18-2　返回参考点的位置调整

该故障原因可能是机械方面的，也可能是电气系统方面的。机械方面可能是伺服电动机与丝杠连接松动、丝杠反向间隙过大等；电气方面可能是参考计数器容量设置错误、减速开关及接线不良、编码器不良、伺服放大器或系统主板不良等。

18.2　无挡块回零的设定和调整

无挡块式回零不需要挡块和减速开关，在位置检测装置为绝对位置编码器的数控机床上比较常见。由于采用绝对编码器，有后备存储器电池支持，因此只需在机床第一次开机调试时进行零点设定和调整，此后每次开机均记录有零点位置信息，因而不必再进行回零操作。但在更换伺服电动机或伺服放大器后，由于反馈线与电动机航空插头脱开或电动机反馈线与伺服放大器脱开，必将导致编码器电路与电池脱开，储存在 SRAM 中的位置信息即刻丢失，再开机后机床会出现 300♯报警，需要重新设定零点。回零相关参数及其零点设定如下所示。

1. 回零方式和编码器类型参数设定

如果机床所有进给轴回零都为无挡块式，则将系统参数 1002♯1 设定为 1。如果机床并不是所有轴回零都为无挡块式，则应将 1002♯1 设定为 0，同时在 1005♯1（DLZx）中将无挡块回零的轴设为 1，将挡块式回零的轴设为 0。

这里由于机床使用绝对位置编码器，应将系统参数 1815♯5（APCx）设定为 1。

2. 绝对位置编码器建立零点过程

绝对位置编码器建立零点过程的时序图如图 18-3 所示。

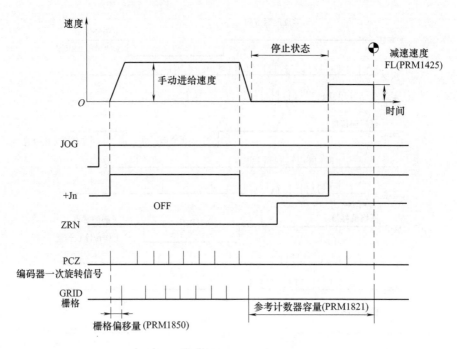

图 18-3 绝对位置编码器建立零点过程的时序图

① 在系统参数 1815♯5（APCx）为 1（绝对位置编码器）的前提下，将系统参数 1815♯4（APZx）置 0。1815♯4（APZx）为 0，表示机床零点需要重新建立；1815♯4（APZx）为 1，表示机床零点已经建立。

② 系统断电再重新通电。

③ 选择"手动（JOG）"方式，使轴移动电动机转 1 转以上的距离。使伺服电动机转一转以上是为了要在脉冲编码器内检测到一次旋转信号，注意移动速度不宜低于 300mm/min。

④ 在手动方式下将轴移动到靠近机床零点（约数毫米）的位置。

⑤ 选择"回零（ZRN）"方式。当 ZRN 信号由 0 变成 1 后，系统开始寻找栅格信号。

⑥ 按进给轴方向选择信号"＋"或"－"按钮后，机床移动到下一个栅格位置后停止，该点为机床零点。零点建立后 1815♯4（APZx）自动置 1。

18.3 任务决策和实施

1. 数控车床回零故障分析和排除

该机床 X 轴手动回零出现故障，在回零过程中，没有减速，直到压到限位开关出现急停报警，其他轴回零正常。排故思路和步骤如下。

① 检查机床是否处于回零工作方式。

如果机床处于回零工作方式，屏幕左下角会显示回零工作方式，G43 信号的 G43.0、G43.2、G43.7 均为 1，其他位为 0。如果工作方式选择开关处于回零位置，而机床却不在回零工作方式，可查看工作方式控制的相关 PMC 程序，检查是否是工作方式选择开关、工作方式选择输入信号的线路等出现了问题。

② 检查减速开关、减速挡块和减速信号线路，找出并排除故障点。

如果回零过程中没有减速现象，说明减速信号没有通知到 CNC。通过 PMC 诊断画面观察减速信号的变化，正常情况下，在回零过程中，减速信号（X 轴为 X9.0）有 1→0→1 的变化。

如果回零过程中减速信号一直为 1，则很可能是减速挡块没有压下减速开关，应仔细检查减速挡块是否松动及其和减速开关的相对位置。

如果回零过程中减速信号一直为 0，则这时需要关注下面两个环节。

a. 减速开关失效，或者减速信号线路断路，I/O 模块之前就没有减速信号

b. 减速开关和减速信号线路可能都无问题，信号输入到 I/O 模块接口板，但由于 I/O 模块接口板或输入模块已经损坏，信号未输入到 CNC。

由于减速开关在工作台下面，工作条件比较恶劣（油、水、铁屑侵蚀），严重时引起 24V 短路，损伤接口板，从而导致上述两种情况时有发生。在减速开关自然状态下（减速撞块未压上），使用万用表检测 I/O 接线端子处减速信号的电压，如果为 24V 左右，则说明 I/O 模块接口板或输入模块已经损坏，信号未输入到 CNC；如果为 0V，则检查减速信号线路是否断路、减速开关是否良好等。

③ 零点位置的检查和调整。故障排除后，可通过微调减速挡块位置或修改栅格偏移量（系统参数 1850 设定值），使诊断号 302 的值等于参数 1821 设定值的一半（1/2 栅格间距）。

④ 重复进行手动回零，确认诊断号 302 显示的值每次为 1/2 栅格间距左右。

2. 数控铣床零点的设定

该机床开机出现♯300 报警，即绝对位置丢失。绝对位置编码器后备电池电压过低。更换电池后，各轴需要重新建立零点。

该机床 X、Y、Z 三个进给轴的编码器均为绝对编码器，机床上未安装挡块和减速开关，回零为无挡块方式。零点设定步骤如下。

① 将系统参数 1815♯5（APCx）置 1，将系统参数 1815♯4（APZx）置 0。

② 系统断电再重新通电。

③ 选择"手动（JOG）"方式，使轴移动电动机转 1 转以上的距离。使伺服电动机转 1 转以上是为了要在脉冲编码器内检测到一次旋转信号，注意移动速度不宜低于 300mm/min。

④ 在手动方式下，将轴移动到靠近预定的机床零点（约数毫米）的位置。

⑤ 选择"回零（ZRN）"方式。当 ZRN 信号由 0 变成 1 后，系统开始寻找栅格信号。

⑥ 按进给轴方向选择信号"+"或"-"按钮后，机床移动到下一个栅格位置后停止，该点为机床零点。零点建立后 1815♯4（APZx）自动置 1。

如果机床零点位置跟预定位置未重合，继续按以下步骤操作，可在行程内任意位置设置新的机床零点。

⑦ 选择"手轮（HND)"方式，用手轮移动各轴到新的机床零点位置。

⑧ 将系统参数 1815♯4（APZx）重新设定为 0，再设为 1。

⑨ 系统断电再重新通电。

⑩ 选择"回零（ZRN）"方式，对各轴进行回零操作检查，确认回零正确。

18.4　检查和评估

检查和评分表如表 18-1 所示。

表 18-1 项目检查和评分表

序号	检查项目	要 求	评分标准	配分	扣分	得分
1	故障 1 的诊断和排除	1. 正确使用万用表等电工仪表进行交直流电压、电阻等测量 2. 掌握挡块式回零的基本原理、过程及其常见故障的基本诊断方法,故障诊断思路合理	故障未排除,扣该项全部配分	40		
2	故障 2 的诊断和排除	1. 正确使用万用表等电工仪表进行交直流电压、电阻等测量 2. 掌握无挡块式回零的基本原理、调整方法	故障未排除,扣该项全部配分	40		
3	其他	1. 操作要规范 2. 在规定时间完成(40 分钟) 3. 工具整理和现场清理	1. 操作不规范每处扣 5 分,直至扣完该部分配分 2. 超过规定时间扣 5 分,最长工时不得超过 50 分钟 3. 未进行工具整理和现场清理者,扣 10 分	20		
备注			合计	100		

18.5 知识拓展——采用距离编码式光栅尺的零点设定和调整

传统的光栅尺有 A 相、B 相以及标志信号, A 相、B 相作为基本脉冲根据光栅尺分辨精度产生步距脉冲,而标志信号是相隔一固定距离产生一个脉冲,所谓固定距离是根据光栅尺规格或订货要求而确定的,如 10mm、15mm、20mm、25mm、30mm、50mm 等。标志信号的作用相当于编码器的一次旋转信号,用于返回零点的基准信号。

距离编码的光栅尺,其标志距离不像传统光栅尺是固定的,它是按照一定比例系数变化的,如图 18-4 所示。当机床沿着某个轴返回零点时,数控系统读到几个不等距离的标志信号后,会自动计算出当前的位置,不必像传统的光栅尺那样每次断电后都要返回到固定机床零点(参考点),它仅需在机床的任意位置移动一个相对小的距离就能够找到零点。

距离编码光栅尺的零点设定和调整步骤如下。

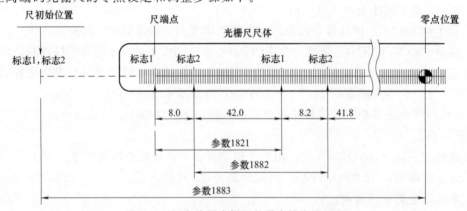

图 18-4 距离编码光栅尺的零点设定和调整

① 将系统参数 1815.1 (OPTx)、1815.2 (DCLx) 均设为 1,即告诉数控系统当前轴使用了距离编码的直线光栅尺。

② 设置系统参数 1802.1 (DC4)。当 1802.1 (DC4)=0,系统检测 3 个标志后确定零点位置;当 1802.1 (DC4)=1,系统检测 4 个标志后确定零点位置。

③ 设置系统参数 1821、1882。参数 1821 设置各轴参考计数器容量，对于使用距离编码光栅尺的轴，该参数则设定标志 1 的间隔。参数 1882 设置标志 2 的间隔。数据设置需要根据光栅尺规格确定，单位均为检测单位（通常为微米）。例如一机床某轴采用距离编码的海德汉 LB302C 光栅尺，该尺相邻两个标志 1 的距离为 80mm，相邻两个标志 2 的距离为 80.04mm。则将参数 1821 值设定为 80000，参数 1882 值设定为 80040。

④ 设置系统参数 1883，即设置光栅尺起始点与机床零点（参考点）的距离。如图 18-4 所示，光栅尺起始点是指标志 1 和标志 2 的重合点，通常此点仅是一个假象点，在光栅尺上并不存在。光栅尺起始点与机床零点的距离可按以下步骤得出。

a. 完成前面①、②、③步各参数的设定后，将参数 1240（机械坐标系中各轴第 1 参考点的坐标值）和参数 1883 设定为 0，即先设定机床零点和光栅尺起始点重合。

b. 断电再通电，进行回零操作，建立机床零点。此过程结束后，显示机床坐标值为光栅尺起始点到当前位置的距离。

c. 执行手动进给或手轮进给，将机床定位到期望的机床零点处。

d. 在参数 1883 中设定转换为检测单位的此位置的机床坐标值。

机床零点位置需要调整时，修改参数 1883 值即可，非常方便。

课 后 练 习

1. 简述挡块式回参考点的过程。

2. 查看参考计数器在各种情况下的变化，并完成表 18-2 的填写。

表 18-2　参考计数器在各种情况下的变化

轴名		电动机一次旋转所需脉冲数	
诊断参数号		304	
开机后的值			
手动方式下的变化			
回参考点时的变化			
在参考点时的值			
有参考点偏移量的值			

3. 某机床回参考点，出现偶然偏离，分析可能的原因。

任务 19　机床行程保护设置及超程故障处理

【任务描述】

一加工中心（FANUC-0i MC）在加工中突然断电，重新启动后出现 500 号报警，提示 X 轴正向发生软超程。从 X 轴位置看，并不在行程之外，复位后 X 轴只能负方向移动，正方向一移动就出现正向超程报警。排除该故障。另一数控铣床（FANUC-0i MD），工作台行程（X、Y 向）X 为 600mm，Y 为 420mm；主轴头垂直行程（Z 向）为 500mm，完成该机床软限位设置和调整。

【相关知识】

19.1　软件限位和硬件限位的设置

1. 软件限位和硬件限位的含义

　　自动进行超程检测，是数控系统的基本功能。当机床位置值超出机床参数设定的范围时（一般设在机床最大行程处），机床将自动减速并停止移动，并出现相应的报警。这种靠参数设定、CNC 自动判断进行超程检测的方法称为软件限位。

　　然而，如果伺服反馈系统发生故障，CNC 无法检测到实际位置，则机床将超出软件限位值而继续移动，将会发生机械碰撞，这是不允许的，为此必须安装行程限位开关，作为超程信号，迫使机床停下来，这称为硬件限位。如图 19-1 所示，SQ1 为机床 X 轴方向的硬件限位保护行程开关，SQ4 为机床 X 轴正向返回参考点的减速开关（参考点的位置通常都设在各轴正向行程极限附近，也有厂家将个别轴设在负向极限附近）。软件限位中参数设定的行程极限值不能超过机床的硬件限位保护范围，否则软件限位功能不起作用。

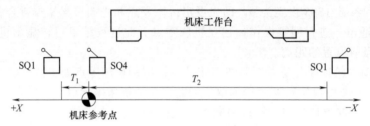

图 19-1　轴行程开关设置

2. 硬件限位的电气控制

　　将硬件限位开关与紧停信号串联，当开关被挡块压上后，CNC 复位并进入紧停状态，伺服电动机和主轴电动机立即减速停止，机床立刻停止移动。这个状态与按下面板上紧停按钮后的状态是一样的，如图 19-2 所示。KA1 的一对触点被接入伺服放大器 PSM 电源模块的 CX4 端子（αi 系列）或第一个放大器的 CX30 接口，另一对触点接到 I/O 模块的急停输入（X8.4）上。

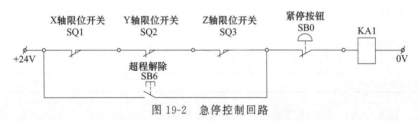

图 19-2　急停控制回路

3. 坐标轴行程保护设置要求

　　软件限位点、硬件限位点、机械死挡块点（机械碰撞位置）的相对位置关系如图 19-3 所示。

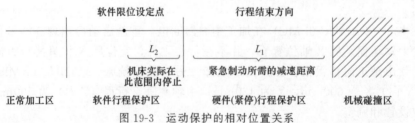

图 19-3　运动保护的相对位置关系

　　① 硬件超程急停生效时，应保证在机械死挡块产生碰撞前，坐标轴能够紧急制动并停止，因此，动作点与坐标轴产生机械碰撞的距离最好大于紧急制动所需的减速距离，见式（19-1）。

$$L_1 > \frac{v_R(t_1 + T_S + t_2)}{60 \times 1000} \qquad (19\text{-}1)$$

式中　L_1——硬件限位开关离机械碰撞区的距离，mm；

　　　　t_1——行程开关发信延时，ms；

　　　　T_S——伺服时间常数，ms；

　　　　v_R——快移速度，mm/min；

　　　　t_2——系统信号接收电路的固定延时，ms。

② 正常情况下，应保证在软件限位起作用时，不会导致硬件限位开关动作。

软件限位作用时，实际的停止点可能超过参数设定的位置，超过距离见式（19-2）。

$$L_2 > \frac{v_R}{7500} \qquad (19\text{-}2)$$

式中　L_2——软件限位设定点离硬件限位开关的距离，mm；

　　　　v_R——快移速度，mm/min。

③ 设置举例

$v_R = 15000$ mm/min（PRM1420），$T_S = 33$ ms（PRM1825），$t_1 = 15$ ms，$t_1 = 30$ ms，则

$$L_1 > \frac{v_R(t_1 + T_S + t_2)}{60 \times 1000} = \frac{15000 \times (15 + 33 + 30)}{60 \times 1000} = 19.5 \text{ mm}$$

$$L_2 > \frac{v_R}{7500} = \frac{15000}{7500} = 2 \text{ mm}$$

由此可见，如果在行程保护到达前不对坐标轴的运动速度加以限制，则必须留有较大的行程余量。因此，在实际机床设计时一般需要通过外部减速、软件限位等措施将运动速度限制在某一较小的值上，以减小行程余量。

4. 软、硬件限位点的设定和调整

首先按照机床安装图纸装好行程开关、挡块与槽板。各轴的硬件限位点有正、负向两个，调整硬件限位开关和挡块位置时，应确保开关动作点距离机械碰撞区达到20mm以上。

在确定了各轴硬限位点和零点位置后，对各轴的软限位点进行调整。调整前将参数1320（各轴正向软件限位，单位 μm）设定为99999999，参数1321（各轴负向软件限位，单位为 μm）设定为 -99999999，即先使软限位无效。调整时用手轮或在手动寸进的方式下使所调轴到达距离硬件限位点 2～3mm 处，将该点设为软限位点（如图 19-1 中的 T_1、T_2），将该点的机床坐标转换成系统的检测单位后，分别输入到系统参数 1320 和 1321 中。

如一数控铣床，工作台行程（X、Y 向）X 方向为 600mm，Y 方向为 450mm，主轴头垂直行程（Z 向）为 520mm。该机床软件限位和硬件限位的相对位置关系如图 19-4 所示（以 X 轴为例）。在参数 1320 中，X、Y、Z 均设为 1000，在参数 1321 中，X、Y、Z 分别设为 -601000、-451000、-521000。

图 19-4　软件限位和硬件限位的位置关系图

19.2　轴超程故障处理

如果轴在运动过程中碰到软件极限，系统会发出 500、501 号报警信息，提示操作者轴已运动至软件极限值，此时操作者只需在 JOG 方式下，反方向退出极限区。按下 RESET 键使系统复位，消除超程报警。

如果轴由于运动速度过快而越过软件极限，到达硬件极限，系统会显示紧急停止报警信息（EMERGENCY STOP），此时机床在任何操作方式下都不能运动。要退出超程状态，操作者必须在 JOG 方式下，同时按下"超程解除"按钮（如图 19-2 中的 SB6）和方向键，反方向退出。

如果机床出现软件超程而系统处于死机状态时，首先把存储行程极限参数设定为无效，即参数 1320 设定为 99999999，参数 1321 设定为－99999999，然后系统断电再重新通电，进行机床返回参考点操作后再设定系统的存储行程极限参数。如果机床还出现超程报警或系统死机，则需要把系统参数全部清除，并重新恢复参数。

如果系统存储行程极限值设定在机床返回参考点之前（为了避免加工时刀具超过指定范围），那么机床首次开机时，返回参考点操作就会出现超程报警。解决的办法是：同时按下系统 MDI 键盘的 P 和 CAN 键后，系统通电。这样操作的目的是：系统开机首次返回参考点不进行存储行程极限值的检测，机床返回参考点之后，系统行程极限值检测才有效。

19.3　任务决策和实施

1. 加工中心超程故障诊断和排除

该任务来自企业实际案例，这里给出实际的诊断和排除过程，仅供参考。

该故障为机床正在加工时断电所致，从 X 轴停的位置看，该轴未超出行程范围，检查机床软件限位参数，发现也未发生变化，一正向移动就出现正向超程报警，怀疑是零点丢失。将机床的软限位参数全部设为极限值，即 1320 中 X 轴设为 99999999，1321 中 X 轴设为－99999999，故障随之消失。重新回零后，再把参数 1320 和 1321 恢复到正常数据，移动各轴，一切正常。

2. 软限位点的设定和调整

① 将参数 1320（各轴正向软件限位，单位 μm）设定为 99999999，参数 1321（各轴负向软件限位，单位 μm）设定为－99999999，即先使软限位无效。

② 各轴回零。

③ 用手轮方式下，使 X 轴超过零点继续向正方向移动，在正向硬限位点前 2～3mm 处停下，将此处的机床坐标转换成系统的检测单位后，输入到系统参数 1320 中。如 X 轴机械坐标为 2mm，则参数 1320 中 X 值设置为 2000。负方向移动 X 轴，在负向硬限位点前 2～3mm 处停下，将此处的机床坐标转换成系统的检测单位后，输入到系统参数 1321 中。如 X 轴机械坐标为－602mm，则参数 1321 中 X 值设置为－602000。

④ 同样完成 Y、Z 轴的软限位点的设定。

⑤ 各轴软限位检查，确保软限位设定准确有效。

19.4　检查和评估

检查和评分表如表 19-1 所示。

表 19-1　项目检查和评分表

序号	检查项目	要　　求	评 分 标 准	配分	扣分	得分
1	加工中心超程故障诊断和排除	1. 正确使用万用表等电工仪表进行交直流电压、电阻等测量 2. 掌握解决硬件和软件超程故障的基本方法,故障诊断思路合理	故障未排除,扣该项全部配分	40		
2	软限位点的设定和调整	1. 掌握软限位点的设定和调整方法 2. 解决软超程故障的基本方法,故障诊断思路合理	软限位设定范围过小导致机床未达到设计行程就超程报警,或设定超出硬限位点之外导致软限位不起作用,扣该项全部配分	40		
3	其他	1. 操作要规范 2. 在规定时间完成(30 分钟) 3. 工具整理和现场清理	1. 操作不规范每处扣 5 分,直至扣完该部分配分 2. 超过规定时间扣 5 分,最长工时不得超过 40 分钟 3. 未进行工具整理和现场清理者,扣 10 分	20		
备注			合计	100		

课 后 练 习

1. 软件限位点、硬件限位点、机械死挡块点（机械碰撞位置）的相对位置关系是怎样的？
2. 说明软、硬件限位点的设定和调整过程。

任务 20　进给伺服系统的故障分析和排除

【任务描述】

有三台数控机床出现伺服报警，完成故障诊断和排除。

故障 1：一立式加工中心（系统为 FANUC-0i MC），采用全闭环控制，低速运行时无报警，但是无论在哪种方式下（包括 JOG 方式、自动方式、回参考点方式）高速移动 X 轴，均出现 411 号报警。

故障 2：一数控车床（系统为 FANUC-0i TB），半闭环控制，Z 轴移动时出现 411 号报警。

故障 3：一数控铣床（系统为 FANUC-0i MA），加工过程中系统发生 400 号伺服过热报警。

【相关知识】

20.1　伺服不能就绪报警（报警号"401"）

如果一个伺服放大器的伺服准备信号（VRDY）没有接通，或者在运行中信号关断，发生此报警。还有一些情况下，是因为发生了别的伺服报警，导致此报警发生。如果是这种情况，首先要解除别的报警。

1. 系统检测原理

当系统的轴控制电路（轴卡）正常时，轴控制电路就会向伺服驱动装置发出 PRDY 信号（*MCON），如图 20-1 所示，当伺服驱动装置接收到该信号后，如果伺服驱动装置工作正常，则伺服驱动装置内部的继电器 MCC 获电动作，一方面接通伺服的主回路，另一方面通过伺服装置向系统发出 VRDY 信号。系统得到来自伺服装置的 VRDY 信号（伺服就绪）后，发出伺服使能信号，此时伺服驱动装置准备接收来自轴卡的控制信号。如果系统轴卡电路发出 PRDY 信号而得不到伺服就绪 VRDY 信号，系统就会产生"401"报警。

图 20-1　系统检测原理图

2. 故障产生的原因

故障产生的原因通常如下。

① 电源模块和伺服放大器的控制电源未接通。

② 急停未解除。

③ MCC 控制回路未接通。

④ 伺服放大器故障。

⑤ 系统轴控制电路（轴卡）故障。

3. 故障诊断方法

① 检查外围电路是否正常，即电源模块和伺服放大器的控制电源是否已接通，急停是否已解除等。

② 检查是伺服放大器故障还是系统轴控制电路（轴卡）故障。

如果外围电路一切正常，则可能是伺服放大器或轴卡出现故障。需要确定是伺服放大器还是系统轴卡故障时，可采用以下方法。

a. 屏蔽伺服轴，如果故障消失则为放大器故障，如果故障还存在则为系统轴卡故障。

屏蔽伺服轴的具体做法如下。

步骤一　忽略伺服通电顺序。通常位置控制就绪信号 PRDY 先接通，VRDY 后接通。当伺服通电顺序不对时，会出现伺服报警。如果将系统参数 1800♯1（CVR）设为"1"，则当顺序不对时，不出现伺服报警。

步骤二　轴抑制设为有效，即将该轴参数 2009♯0（DUMY）设为"1"。

步骤三　将该轴伺服通道封闭。如果一个放大器驱动一个轴，具体做法是将该轴参数的 1023 设定为"－128"。如果一个放大器驱动两个或三个轴，需将该轴反馈电缆接口 JFx 的 11 和 12 管脚短接。

b. 采用同规格伺服放大器对调法进行故障的判别。具体做法是将放大器的控制电路板对调，如果故障消失则为放大器故障，如果故障还存在则为系统轴卡故障。

20.2　伺服过热报警

1. 系统检测原理

放大器智能逆变模块（IPM）内的热敏电阻用于检查伺服放大器是否过热。当放大器的逆变模块温度超过规定值时，信号通过伺服通信传递到 CNC 系统，CNC 系统发出伺服过热报警。

伺服电动机定子绕组的热敏电阻用于检测伺服电动机是否过热。当伺服电动机的温度超过规定值时，电动机的热敏电阻阻值发生变化，信号通过伺服电动机的串行编码器传递到 CNC 系统，CNC 系统发出伺服过热报警。

2. 故障诊断方法

当系统为 FANUC-0iA 时，伺服过热报警号为"400"。判断是伺服电动机过热还是伺服放大器过热，可以通过系统诊断画面来判定。当伺服过热时，系统诊断画面中 200 诊断号的第 7 位为"1"；再看 201 号，如果 201 号的第 7 位为"1"则为电动机过热，如果该位为"0"则为放大器过热。

当系统为 FANUC-0iB/0iC 时，系统的"430"伺服报警为伺服电动机过热，"431"伺服报警为伺服放大器过热报警。

3. 故障产生的原因

（1）电动机过热

① 机械负载过大或机械传动故障引起电动机的过载，如切削负载过重或切削参数不合理、机械配合过紧、润滑不良、丝杠和轴承损坏等。

② 伺服电动机本身故障引起电动机过载，如伺服电动机绝缘不良（匝间短路）、三相电流不平衡及电动机热敏电阻不良等。

③ 伺服电动机额定电流和过载检测参数设定错误，需进行伺服电动机参数初始化设定。

（2）伺服放大器过热

① 伺服放大器散热条件变差，如散热风扇不良、通风道不畅通等。

② 放大器伺服过载检测电路不良，如放大器过热监控电路和热敏电阻不良（可以用同等规格放大器对调法进行判别）。

③ 系统伺服参数设定错误或伺服软件不良，需进行伺服参数初始化。

④ 伺服放大器智能功率模块（IPM）不良或系统轴卡故障。

20.3 伺服移动误差过大报警（报警号为"411"）

1. 系统检测原理

当系统发出移动指令时，系统的位置偏差计数器（可通过诊断号 300 查看）偏差值超过了系统参数（FANUC-0i 为 1828）所设定的值，系统发出移动误差过大报警。

2. 故障原因及判别方法

如果给出移动而机床不移动，则故障原因可能如下。

① 机械传动卡死。

② 如果故障发生在垂直轴控制时，则故障为伺服电动机的电磁制动回路。

③ 伺服电动机及动力线有断相故障或伺服电动机连接错误。

④ 伺服放大器本身故障。

如果给出移动指令且机床移动后产生的移动误差过大报警，则故障产生的可能原因如下。

① 系统软件故障。伺服参数设定不当（移动误差检测标准参数及伺服回路增益设定过低）或伺服软件不良。

② 硬件故障。

a. 机械传动间隙过大（对于全闭环）或机械过载，包括导轨润滑不良、丝杠或丝杠两端轴承损坏、联轴器松动等。

b. 位置检测器及系统有故障。

c. 伺服放大器不良。

20.4 伺服停止误差过大报警（报警号为"410"）

1. 系统检测原理

当系统发出停止移动指令或静止时，系统的位置偏差计数器（可通过诊断号300查看）偏差值超过了系统参数（FANUC-0i为1829）所设定的值，系统发出停止误差过大报警。

2. 故障原因及判别方法

如果是垂直轴，则故障原因可能如下。

① 伺服电动机及动力线有断相故障或伺服电动机连接错误。

② 伺服放大器不良。

③ 轴卡不良。

如果不是垂直轴，则故障原因可能如下。

① 系统软件故障：伺服参数设定不当（停止误差检测标准参数）或伺服软件不良。

② 系统硬件故障：伺服放大器故障或系统轴卡故障。

20.5 αi 系列电源模块的报警代码及故障分析

1. 电源模块的报警代码显示

FANUC-αi 系列驱动器为模块式结构，其电源模块上安装有两个状态指示灯与一个7段数码管，用于电源模块的状态与报警显示，见表20-1所示。

表 20-1 电源模块状态指示以及含义

状态指示		含 义	原 因
指示灯	所有显示不亮	控制电源未输入	
	PIL 不亮	驱动器 DC5V 指示	DC5V 电源故障
	ALM 亮	电源模块存在故障，见数码管	电源模块存在报警
数码管	—	电源模块未准备好（MCC OFF）	驱动器主电源未加入，或驱动器 CX4 的急停信号处于急停状态（触点断开）
	0	电源模块已准备好（MCC OFF）	电源处在正常工作状态
	1	主回路故障	①IGBT 模块或 IPM 模块损坏 ②输入电抗器容量不匹配 ③主电源缺相或三相不平衡 ④主电源电压过低
	2	风机故障	①风机不良 ②风机电源未连接或连接错误
	2.	电源模块报警提示	电源模块存在报警，但可以工作一段时间
	3	电源模块散热器过热	①风机运转不良或环境温度过高 ②模块污染引起散热不良 ③电源模块容量过小，长时间过载 ④温度传感器不良

续表

状 态 指 示		含　义	原　因
数码管	4	直流母线电压过低	①输入电压过低 ②输入电压存在短时间下降 ③主回路缺相或断路器断开
	5	主回路直流母线不能在规定时间内完成充电	①电源模块容量不足 ②直流母线存在局部短路 ③充电限流电阻不良 ④直流母线电容器不良
	6	输入电源电压过低	①输入电抗器容量不匹配 ②主电源缺相 ③主电源电压过低
	7	直流母线过电压	①制动能量太大,电源模块容量不足 ②输入电源阻抗过高 ③再生制动电路故障
	A	风机故障	①散热器风机完全停转 ②风机电源未连接或连接错误
	E	输入电源缺相	主电源缺相

2. 故障分析与检查

（1）PIL 指示灯不亮

PIL 指示灯用于电源模块的控制电源指示，电源模块控制电源接通后 PIL 指示灯应保持常亮。如果模块外部电源正常，但 PIL 指示灯不亮，可能的故障原因如下。

① 电源模块的控制电源（CX1A）未加入。

② CX1A 连接错误或插接不良。

③ 模块控制回路熔断器 FU1、FU2 熔断，如图 20-2（b）所示。

④ DC24V 外部存在短路。

⑤ 电源模块控制电路故障。

PSM 模块的 FU1、FU2 安装位置如图 20-2 所示。控制电路印制电路板可以通过如图 20-2（a）所示的方法从模块框架中拉出，检查完成后必须将电路板插入到位。

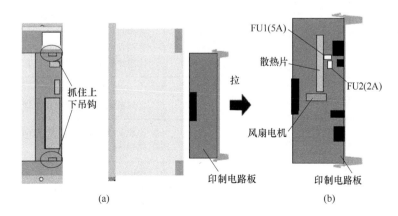

图 20-2　电源模块（PSM）熔断器的检查

（2）主接触器 MCC 无法吸合

电源模块的主电源应在控制回路工作正常、CNC 发出 MCON 信号后，SVM 模块如果正常则输出信号接通主接触器。如主接触器无法正常接通，可能的原因如下。

① 模块的急停输入 CX4 触点断开，需要外部解除急停。

② CXA2A、CXA2B 连接电缆连接不良。

③ CX3 连接不良或未加入接触器控制电源。

④ SVM 模块不良。

⑤ MCC 的强电控制回路未接通等。

20.6 αi 系列伺服驱动模块的报警代码及故障分析

1. αi 系列伺服驱动模块的报警指示

αi 系列伺服驱动器模块 SVM 安装有一个状态指示灯与一个 7 段数码管，用于伺服驱动模块的状态指示与报警显示，状态显示以及含义见表 20-2 所示。

表 20-2　FANUC-αi 系列驱动器数码管状态一览表

数码管显示	含　义	备　注
—（闪烁）	驱动器控制电源异常或连接错误	①电动机连接错误或连接不良 ②SVM 不良 ③伺服电动机损坏
0	驱动模块准备好	驱动模块已经处于正常工作状态
1	风机单元报警	①驱动器风机不良 ②风机电源未连接或连接错误 ③SVM 不良
2	驱动模块＋24V 电压过低报警	①驱动器 CXA2A、CXA2B 电缆连接故障 ②电源模块的 DC24V 回路故障 ③SVM 不良
5	直流母线电压过低	①直流母线连接不良 ②电源输入电压过低 ③输入电压存在短时间过载 ④主回路缺相或断路器断开 ⑤SVM 不良或安装不良
6	驱动模块过热	①风机运转不良或环境温度过高 ②模块污染引起散热不良 ③驱动器容量过小,长时间过载 ④温度传感器或 SVM 不良
F	风机故障	①驱动器风机完全停转 ②风机电源未连接或连接错误
P	驱动模块通信出错	①驱动器 CXA2A、CXA2B 电缆连接故障 ②SVM 不良
8	直流母线过电流	①电动机电枢存在对地短路或相间短路 ②电动机电枢连接相序错误 ③伺服电动机损坏 ④SVM 的功率输出模块不良或控制板不良

续表

数码管显示	含　义	备　注
b	L轴电动机过电流	①电动机电枢存在对地短路或相间短路 ②电动机电枢连接相序错误 ③伺服电动机损坏 ④SVM的功率输出模块不良或控制板不良 ⑤电动机代码设定错误
C	M轴电动机过电流	
d	N轴电动机过电流	
8.	L轴的IPM模块过热	①电动机电枢存在对地短路或相间短路 ②电动机电枢连接相序错误 ③伺服电动机损坏 ④SVM的功率输出模块不良或控制板不良 ⑤环境温度过高或散热不良 ⑥加减速过于频繁
9.	M轴的IPM模块过热	
A.	N轴的IPM模块过热	
U	FSSB总线通信出错（COP10B）	①光缆COP10B连接不良 ②SVM不良 ③上一级从站（CNC）的FSSB接口不良
L	FSSB总线通信出错（COP10A）	①光缆COP10B连接不良 ②SVM不良 ③下一级从站的FSSB接口不良

2. 无任何显示的故障分析与检查

如果伺服驱动模块在通信后数码管无任何显示，表明模块内部控制电源存在故障，可能的原因如下。

① 控制电源连接总线CXA2A、CXA2B连接错误或未连接。

② CXA2A、CXA2B连接线断或插接不良。

③ SVM控制回路熔断器FU1熔断。

④ SVM控制电路故障。

20.7　βi系列单轴驱动器的故障诊断与维修

与αi系列伺服驱动器相比，除了结构上的区别外，βi系列的故障显示、诊断、处理方法与αi系列相似，具体可以参见αi系列驱动器说明，此处仅对两者的不同点进行介绍。

1. βi系列单轴驱动器的状态显示

βi系列单轴驱动器安装有POWER（DIL）、ALM、LINK三个指示灯，其中，POWER（DIL）为电源指示灯，ALM为驱动器报警指示灯，LINK为总线通信正常指示。

当ALM指示灯亮时，可能的故障原因见表20-3所示。

表20-3　ALM报警原因一览表

序　号	报　警	原　因
1	驱动器控制电源异常或连接错误	①电动机连接错误或连接不良 ②SVM不良 ③伺服电动机损坏
2	驱动器过热	①驱动器风机不良 ②风机电源未连接或连接错误 ③SVM不良

续表

序　　号	报　　警	原　　因
3	驱动模块＋24V 电压过低	①驱动器 CXA19A、CXA19B 电缆连接故障 ②外部 DC24V 电压过低 ③SVM 不良
4	直流母线电压过低或过高	①进线滤波电抗器选择不当或连接不良 ②电源输入电压过低或过高 ③输入电压存在短时间下降 ④主回路缺相或断路器断开 ⑤SVM 不良或安装不良
5	驱动器输出或直流母线过电流	①电动机电枢存在对地短路或相间短路 ②电动机电枢连接相序错误 ③伺服电动机损坏 ④SVM 的功率输出模块不良或控制板不良 ⑤环境温度过高或散热不良 ⑥加减速过于频繁 ⑦伺服电动机代码设定错误
6	FSSB 总线通信出错	①光缆连接不良 ②SVM 不良 ③上一级从站(CNC)的 FSSB 接口不良

　　驱动器故障的原因可以通过诊断参数 200～204 或伺服调整画面的 ALM1～ALM5 信号进行确认，有关内容参见驱动器维修说明书。

　　2. 熔断器的检查

　　当驱动器的电源指示灯不亮时，表明驱动器的控制电源未输入或驱动器内部熔断器已经熔断，可能的故障原因如下。

　　① 控制电源（CXA19A、CXA19B）未加入。

　　② CXA19A、CXA19B 连接错误或插接不良。

　　③ 模块控制回路熔断器 FU1 熔断 ［图 20-2 (b)］。

　　④ DC24V 外部存在短路。

　　⑤ SVM 控制电路故障。

　　模块控制回路熔断器的检查，可以按照与 αi 系列驱动器同样的方法进行。

20.8　交流伺服电动机的维修

　　FANUC-0i 所配备的伺服、主轴电动机都是交流电动机，且工作原理相同，结构相似，因此电动机维护与检查的方法基本相同。原则上说，伺服、主轴电动机是一种高可靠性的部件，内部无易损零件，可以不需要维修，但是，由于电动机的工作环境通常比较恶劣，容易引起冷却液、铁屑的飞溅；此外，电动机内部安装有编码器等精密测量零件，在受到冲击、碰撞等情况下容易引起故障。因此，有必要定期对伺服、主轴电动机进行如下检查。

　　1. 安装检查

　　安装伺服电动机时要注意以下几点。

　　① 由于伺服电动机防水结构不是很严密，如果切削液、润滑油等渗入内部，会引起绝缘性能降低或绕组短路，因此，应注意尽可能避免切削液的飞溅。

② 当伺服电动机安装在齿轮箱上时，加注润滑油时应注意齿轮箱的润滑油油面高度必须低于伺服电动机的输出轴，防止润滑油渗入电动机内部。

③ 按说明书规定，固定伺服电动机联轴器、齿轮、同步传动带等的连接杆时，在任何情况下，作用在电动机上的力不能超过电动机允许的径向、轴向负载。

④ 按说明书规定，对伺服电动机和控制电路之间进行正确的连接（见机床连接图）。连接中的错误可能引起电动机的失控或振荡，也可能使电动机或机械损坏。

当完成接线后，在通电之前必须进行电源线和电动机壳之间的绝缘测量，测量用 500V 兆欧表进行，然后，再用万用表检查信号线和电动机壳体之间的绝缘，注意不能用兆欧表测量脉冲器输入信号的绝缘。

2. 常规检查

在机床使用一定时间后，需要定期对电动机进行常规检查，检查包括以下内容

① 电动机是否受到任何机械损伤。

② 机床以及电动机的旋转部分是否可用手正常旋转。

③ 对于带制动器的电动机，检查制动器是否正常。

④ 检查电动机的安装是否松动或间隙。

⑤ 检查电动机是否安装在潮湿、温度变化剧烈和有灰尘的地方等。

3. 发生故障时的检查

当 CNC 出现伺服报警或是伺服、主轴驱动器发生故障时，无论报警显示的内容是否与电动机有关，建议维修时也应对电动机做相应的检查，这些检查具体见表 20-4。

表 20-4　伺服电动机的基本检查

序号	检查项目	现　象	处理方法
1	异常振动、异常声音	电动机在旋转时发出异常响声，或者电动机旋转时出现较大的振动	①确认电动机的安装螺钉已经完全拧紧，电动机安装正确 ②确认电动机轴与丝杠或主轴的轴线在同一轴线上 ③必要时分离电动机与机械传动部件，如果异常声音与振动消失，见第2项，否则见第3项
2	机械传动系统	机械传动系统存在不良	进行机械传动系统的检查与维修
3	电动机风机	①冷却风机有铁屑、油污等杂物 ②风机与外壳有干涉 ③风机转子不能灵活旋转 ④风机固定不良	清理杂物，更换风机
4	电动机污染	①冷却风机有铁屑、油污等杂物 ②电动机表明有污物 ③冷却液等飞溅到电动机表面	清理电动机，对电动机增加保护措施
5	电动机轴承	在松开制动器、脱开机械连接部件的情况下，发现电动机转子转动不灵活	更换电动机转子轴承或更换电动机
6	驱动器	检查驱动器设定、调整情况	重新调整驱动器

4. 绝缘检查

当电动机长时间使用或在恶劣的环境下使用时，绕组的绝缘性能将会下降，它将直接导致驱动器的过电流、过载等故障。

绕组的绝缘性能可以通过使用 DC500V 兆欧表测量绕组与外壳之间的绝缘电阻进行判断。测量值与性能的对应关系如下。

- $\geqslant$100MΩ：性能良好，可以正常使用。
- 10～100MΩ：性能下降，可以正常使用，但应尽快维护。
- 1～10MΩ：性能严重下降，可以短时间使用，但必须尽快维护。
- $<$1MΩ：不可以再使用，必须维修或更换。

20.9　任务决策和实施

该任务来自企业实际案例，这里给出实际的诊断和排除过程，仅供参考。

1. 故障 1 的诊断和维修

411 号报警是伺服轴在运动过程中，系统的位置偏差计数器偏差值超过了系统参数（FANUC-0i 为 1828）所设定的值。可能原因如下。

① 编码器损坏。

② 光栅尺脏或损坏。

③ 反馈电缆损坏。

④ 伺服放大器故障，包括驱动晶体管击穿、驱动电路故障、动力电缆断线虚接等。

⑤ 伺服电动机损坏，包括电动机进油、进水，电动机匝间短路等。

⑥ 机械过载。

出现 411 报警，一般不要怀疑参数问题，除非人为修改过机床参数。重点需要检查反馈信号与驱动输出。由于该机床采用的是全闭环控制，考虑光栅尺容易受污染，所以首先采用"排除法"排除光栅尺损坏的可能，将全闭环修改为半闭环进行试验。

修改方法如下。

① 将系统参数 1815#1（OPTx）改为 0（半闭环控制）。

② 进入伺服设定画面，将位置反馈脉冲数改为 12500。

③ 计算 N/M 值，具体参考伺服设定相关内容说明。

④ 将"初始化设定位"（INITIAL SET BITS）改为 00000000，关电，再通电。接着用首轮移动 X 轴，当确认半闭环运行正常后用 JOG 方式从慢速到高速进行试验，结果 X 轴运行正常。

从试验结果得出结论：半闭环运行正常，全闭环高速运行时出现 411 号报警，可证明是全闭环测量系统故障。

打开光栅尺护罩，发现尺面上有油膜，清除尺面油污，重新安装光栅尺并恢复原参数，机床修复。

2. 故障 2 的诊断和维修

首先通过伺服调整画面观察 Z 轴移动时的误差值，如图 20-3 所示。

通过观察，发现 Z 轴低速移动时，位置偏差数值可随着轴的移动跟随变化，而 Z 轴高速移动时，位置偏差数值尚未来得及调整就出现 411 号报警。这种现象是比较典型的指令与反馈不协调，有可能是反馈丢失脉冲，也有可能是负载过重而引起的误差过大。

由于是半闭环控制，所以反馈装置就是电动机后面的脉冲编码器，该机床使用 FANUC-0i TB 数控系统，而且 X 轴和 Z 轴均配置 αi 系列数字伺服电动机，所以编码器互换

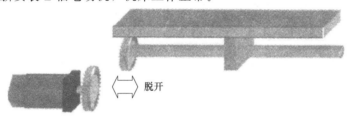

图 20-3　实际位置误差诊断

性好，并且比较方便，因此维修人员首先更换了两个轴的脉冲编码器，但是更换以后故障依旧，初步排除编码器问题。通过查线、测量，确认反馈电缆及连接也无问题。视线转向外围机械部分，技术人员将电动机与机床脱离（图 20-4），将电动机从联轴节中卸下，通电旋转电动机，无报警，排除了数控系统和伺服电动机有问题。检查机械，此时，最好用手盘丝杠，发现丝杠很沉，明显超过正常值，说明进给轴传动链机械故障，通过钳工检修，修复 Z 轴机械问题，重新安装 Z 轴电动机，机床工作正常。

脱开

图 20-4　电动机与机床脱离

3. 故障 3 的诊断和维修

伺服过热一般是由伺服电动机过热、伺服系统过载、伺服放大器过热造成的。判断是伺服电动机过热还是伺服放大器过热，可以通过系统诊断画面来判定。系统诊断画面中 200 诊断号的第 7 位为"1"；再看 201 号，发现 201 号的第 7 位为"0"，则判断为放大器过热。

产生伺服放大器过热的原因有伺服放大器的风机运转不良或环境温度过高；模块污染引起散热不良；驱动器容量过小，长时间过载；温度传感器或 SVM 不良。

经仔细检查，发现伺服驱动上的风机发生堵转。更换新的风机，故障排除。

20.10　检查和评估

检查和评分表如表 20-5 所示。

表 20-5　项目检查和评分表

序号	检查项目	要　　求	评 分 标 准	配分	扣分	得分
1	故障 1 诊断与维修	1. 掌握解决进给伺服超差报警(411、410)故障诊断的基本方法,故障诊断思路合理 2. 能够对相关参数进行调整,实现全闭环和半闭环控制的转换 3. 能对光栅尺进行基本维护	故障未排除,扣该项全部配分	30		

序号	检查项目	要　求	评分标准	配分	扣分	得分
2	故障 2 诊断与维修	1. 掌握解决进给伺服超差报警(411、410)故障诊断的基本方法,故障诊断思路合理 2. 能够通过伺服调整画面或诊断参数检查运动误差变化 3. 掌握判断机械是否过载的基本方法	故障未排除,扣该项全部配分	30		
3	故障 3 诊断与维修	1. 掌握解决伺服过热报警故障的基本方法,故障诊断思路合理 2. 能够查看电源模块和伺服放大器报警代码,分析常见伺服故障可能的原因 3. 掌握伺服放大器或电动机过热的基本判断方法	故障未排除,扣该项全部配分	30		
4	其他	1. 操作要规范 2. 在规定时间完成(30分钟) 3. 工具整理和现场清理	1. 操作不规范每处扣 5 分,直至扣完该部分配分 2. 超过规定时间扣 5 分,最长工时不得超过 40 分钟 3. 未进行工具整理和现场清理者,扣 10 分	10		
备注			合计	100		

课 后 练 习

1. 进给伺服电动机过热的故障原因有哪些,如何进行诊断和排除?

2. 伺服运动误差过大报警的故障原因有哪些?

3. 某数控机床采用光栅尺作为位置反馈装置,有时加工中出现伺服位置反馈断线报警,如何进行诊断和排除?

参 考 文 献

[1] BEIJING-FANUC 0i-C/0i Mate-C 连接说明书（硬件）. BEIJING-FANUC，2004.

[2] BEIJING-FANUC 0i-C/0i Mate C 参数说明书. BEIJING-FANUC，2004.

[3] BEIJING-FANUC PMC PA1/SA1SA3 梯形图语言编程说明书. BEIJING-FANUC，2001.

[4] BEIJING-FANUC 0i-C/0i Mate-C 维修说明书. BEIJING-FANUC，2004.

[5] 刘永久. 数控机床故障诊断与维修技术. 2版. 北京，机械工业出版社，2011.

[6] 王新宇. 数控机床故障诊断技能实训. 北京，电子工业出版社，2008.

[7] 汤彩萍. 数控系统安装与调试. 北京：电子工业出版社，2009.

[8] 张亚萍，顾军. 数控系统的安装与调试. 上海：上海交通大学出版社，2012.